ZHONGYUE BIANJING
SHENGWU DUOYANGXING KUAJING
BAOHU JISHU YU SHIJIAN

中越边境
生物多样性跨境保护技术与实践

谢 华 林卫东 陈何潇 / 著

中国环境出版集团 · 北京

图书在版编目（CIP）数据

中越边境生物多样性跨境保护技术与实践 / 谢华等著 . —北京：中国环境出版集团，2022. 12

ISBN 978-7-5111-5313-5

Ⅰ. ①中… Ⅱ. ①谢… Ⅲ. ①生物多样性—生物资源—保护—研究—中国、越南 Ⅳ. ① X176

中国版本图书馆 CIP 数据核字（2022）第 217004 号

出 版 人 武德凯
责任编辑 韩 睿
封面设计 彭 杉

出版发行 中国环境出版集团
（100062 北京市东城区广渠门内大街 16 号）
网 址：http: //www.cesp.com.cn
电子邮箱：bjgl@cesp.com.cn
联系电话：010-67112765（编辑管理部）
发行热线：010-67125803，010-67113405（传真）
印 刷 北京中献拓方科技发展有限公司
经 销 各地新华书店
版 次 2022 年 12 月第 1 版
印 次 2022 年 12 月第 1 次印刷
开 本 787 × 960 1/16
印 张 11.5
字 数 170 千字
定 价 52.00 元

参编人员

欧　芳	王双玲	曹胜平
温红芳	定　敏	朱开显
吴洁敏	黄淑娟	黎晓亚
吴林巧	林冰梅	谢佳员
申星星	黄　昊	黎润玉
韦毅刚	罗开文	

序言

PREFACE

2021 年和 2022 年是由中国主办的《生物多样性公约》缔约方大会第十五次会议的召开之年，切实做好生物多样性保护工作，对响应《生物多样性公约》、展示中国积极履约的国际形象至关重要，同时也对加快实现中国乃至世界可持续发展有重要推动意义。近年来，广西进一步加强生物多样性保护和管理能力建设，加大山水林田湖草沙一体化保护和生态修复力度，筑牢中国南方重要生态屏障，取得显著成效，但就目前形势而言，生物多样性保护工作依然任重道远。

广西位于中国南疆，与越南交界，边界处生物多样性非常丰富，但随着社会经济的发展，干扰随之加大，区域生物多样性受到的威胁越发严重，跨境生物廊道建设对生物多样性保护意义重大，对中国和越南的可持续发展有重要作用。

广西跨境生物廊道规划建设点位于中越喀斯特跨境区域，是大湄公河次区域 7 个重要的跨境保护区域之一。作为项目的主要参与和组织者，我目睹了广西有关单位在执行跨境生物多样性保护期间，共同为中越跨境生物多样性保护廊道所做的努力，所获生物多样性保护成果喜人。在中央、广西地方财政及亚洲开发银行的支持下，项目期间促成建立邦亮东黑冠长臂猿国家级自然保护区；广西与越南高平省签订了生物多样性保护备忘录；先后发布实施了与生物多样性保护相关的两项地方标准；社区参与式保护模式（种子资金）与可持续发展为社区发展提供了科学指导等。

目前业界少有关于跨境生物多样性保护及廊道建设的实践论著，该著作详细说明了项目实施过程与成果，其中的实践经验可为有关国家、地区生物多样性廊道规划与建设提供借鉴，为生物多样性保护作出贡献，为联合国可持续发展目标的实现提供支持。衷心希望各位业者继续努力，为中国和广西生物多样性保护工作多作贡献。

邓超冰

目录

CONTENTS

第一篇　中越边境生物多样性理论与技术

第二篇 中越边境生物多样性保护实践

第一篇

中越边境生物多样性理论与技术

第1章

基本概念

1.1 生物多样性释义及组成

1.1.1 生物多样性

生物多样性（Biological Diversity），至今尚未形成一个严格、统一的定义，常见的解释为：在一定时间和一定地区所有生物（动物、植物、微生物）物种及其遗传变异和生态系统的复杂性总称。它包括遗传（基因）多样性、物种多样性和生态系统多样性3个层次。而《生物多样性公约》将生物多样性定义为：各种生物之间的变异性或多样性，包括陆地、海洋及其他水生生态系统，以及生态系统中各组成部分间复杂的生态过程。

1.1.2 生物多样性组成

生物多样性分为3个层次：遗传（基因）多样性、物种多样性和生态系统多样性。

遗传多样性（Genetic Diversity），是指一个物种的基因组成中遗传特征的多样性，包括种内不同种群之间或同一种群内不同个体的遗传变异性。广义的遗传多样性，是指地球上生物所携带的各种遗传信息的总和。这些遗传信息储存在生物个体的基因之中。因此，遗传多样性也就是生物的遗传基因的多样性。狭义的遗传多样性主要是指生物种内基因的变化，包括种内显著不同的种群之间以及同一种群内的遗传变异。

物种多样性（Species Diversity），是指地球上动物、植物、微生物等生物种类的丰富程度。物种多样性包括两个方面，一是指一定区域内的物种丰富程度，可称为区域物种多样性；二是指生态学方面的物种分布的均匀程度，可称为生态多样性或群落物种多样性。

生态系统多样性（Ecosystem Diversity），是指生态系统的多样化程度，包括生态系统的类型、结构、组成、功能和生态过程的多样性等。生态系统指植物、动物和微生物群落及其与所有的无机环境之间相互作用的功能单位的动态复合体。

1.2 《生物多样性公约》

《生物多样性公约》（Convention on Biological Diversity，CBD）由 150 多位政府领导人于 1992 年在巴西里约热内卢“地球问题首脑会议”上签署，致力于促进可持续发展，被视为将 21 世纪议程原则变成现实的一类实用工具。《生物多样性公约》认为生物多样性不仅仅关乎动植物、微生物及它们的生态系统，更关乎人类以及我们对食品安全、药品、新鲜空气和淡水、住所，以及一个清洁、健康的生存环境的需要。

1.2.1 CBD 谈判过程及其历史

地球上的生物资源对于人类经济和社会发展至关重要。因此，人们日益认识到生物多样性是一项对当代和子孙后代价值极大的全球资产。同时，物种和生态系统也从未面临像今天这样巨大的威胁，人类活动所造成的物种威胁以惊人的速度持续。

对此，联合国环境规划署（UNEP）于 1988 年 11 月召集生物多样性问题临时工作组，探讨对国际生物多样性公约的需要。在不久后的 1989 年 5 月，它设立了法律和技术专家临时工作组，针对保护和持续利用生物多样性问题起草国际法律文书。有关专家要考虑“在发达国家和发展中国家之间分配成本和惠益的需要”，以及“支持地方居民创新的途径和方法”。

到了 1991 年 2 月，法律和技术专家临时工作组被称为政府间谈判委员会。1992 年 5 月 22 日召开了内罗毕《生物多样性公约》协议案文通过大会，委员会工作也随之达到顶峰（图 1-1）。

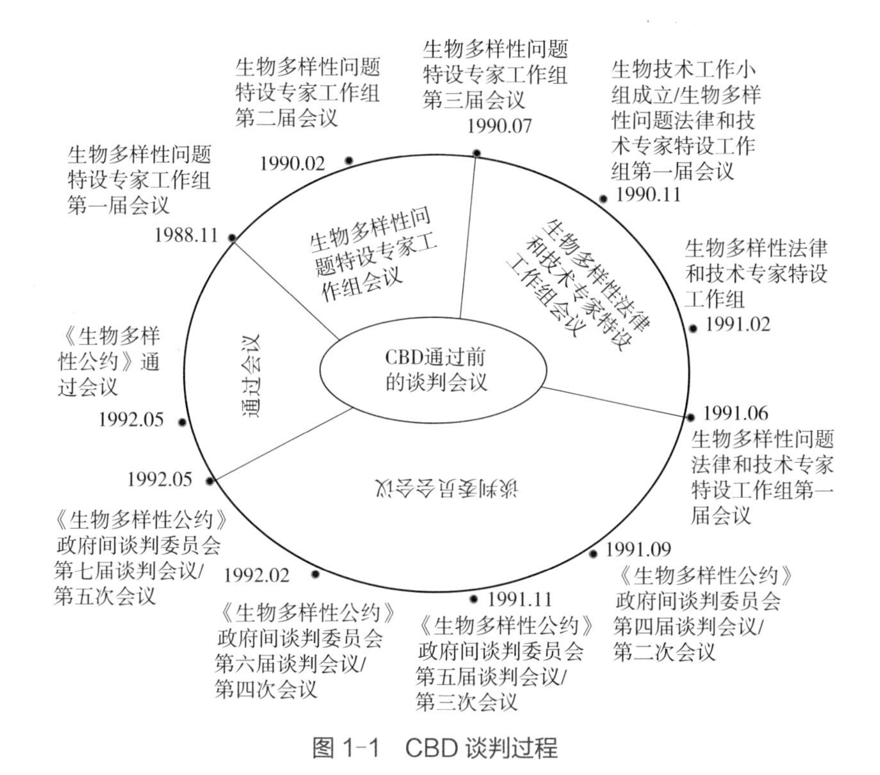

图 1-1 CBD 谈判过程

CBD 于 1992 年 6 月 5 日在联合国环境和发展大会（里约“地球问题首脑会议”）开放供签署。其开放签署期截至 1993 年 6 月 4 日，在此之前，CBD 已获得 168 个签字。该公约于 1993 年 12 月 29 日，即第 30 个缔约国批准的 90 天后生效。首届缔约方大会定于 1994 年 11 月 28 日至 12 月 9 日在巴哈马召开（图 1-2）。

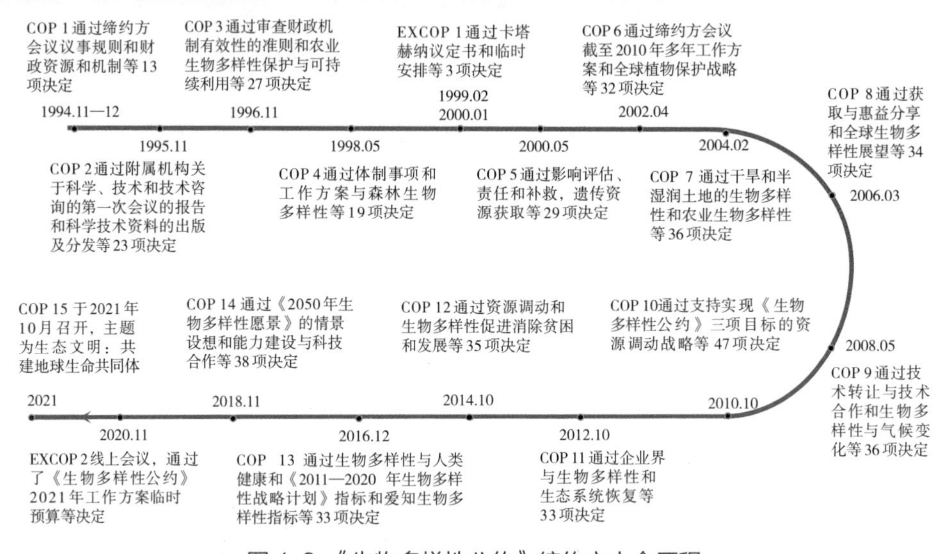

图 1-2 《生物多样性公约》缔约方大会历程

1.2.2 CBD 目标及内容

为保障今世后代的利益，保护和持续利用生物多样性，公平公正分享因利用遗传资源产生的惠益，CBD 设定了 3 个主要目标，分别是：

（1）保护生物多样性。

（2）持续利用生物多样性组成部分。

（3）公平和合理地分享利用遗传资源产生的惠益。

CBD 于 1993 年 12 月 29 日生效，提供 6 种联合国官方语言版本（阿拉伯文、中文、英文、法文、俄文和西班牙文），目前有 196 个缔约国。CBD 为生物多样性行动提供了全球性法律框架。该公约以每两年召开一次或视需要召开的缔约方大会这一管理机构将各缔约方聚拢起来，一同评估公约的实施进展，通过工作方案实现目标并提供政策指导。

缔约方大会由科学、技术和工艺咨询附属机构（SBSTTA）提供协助。该机构由在相关领域中拥有专业经验的政府代表，以及来自非缔约方政府、科学界和其他相关组织的观察员组成。科学、技术和工艺咨询附属机构负责就

CBD 实施的技术方面向缔约方大会提供建议。

缔约方大会还建立了一些附属机构来及时处理发生的具体事项。鉴于这些附属机构承担的任务及存在的时间都有限，而且它们向全体缔约方开放并且欢迎观察员的参与，因此它们被称作“不限成员名额特设工作组”。当前的工作组如下：

（1）获取和惠益分享工作组（ABS）。目前是用于磋商国际获取和惠益分享制度的论坛。

（2）第 8（j）条工作组。处理与传统知识保护相关的事项。

（3）保护区工作组。正在指导和监督涉及保护区的工作方案的实施。

（4）附属履行机构（SBI）。评估公约执行的进展情况，确定强化执行的战略行动，包括如何加强执行手段，其还处理与公约和各议定书运作相关的问题。

（5）名古屋获取和惠益分享议定书的不限名额特设政府间委员会（ICNP）。作为《名古屋议定书》的临时管理机构成立，直至该议定书第一届缔约方大会召开时终止存在。

工作组需向缔约方大会提出建议，而且就像获取和惠益分享工作组那样，可就公约下某一文书的磋商提供论坛。

缔约方大会与科学、技术和工艺咨询附属机构还可成立专家小组，或者呼吁秘书处组织联络小组、讲习班和其他会议。这些会议的参与者通常是由各国政府指定的专家，以及国际组织、当地和原住民社群及其他实体的代表。与科学、技术和工艺咨询附属机构和不限名额工作组不同，这些会议通常不被视作政府间会议。这些会议的目的不尽相同：例如，专家组可能开展科学评估，而讲习班可能用于培训或能力建设。联络小组就与其他公约和组织的合作通知秘书处或代表秘书处行事。

CBD 主要内容共有 42 条，包括要实现的目标、CBD 中提到的特定用语的释义、遵守 CBD 的原则、CBD 规定的管辖范围、缔约国合作要求、生物多样性保护和持久使用措施、生物多样性的查明与监测要求、就地保护的要求、移地保护的要求、生物多样性持久使用的建议、生物多样性保护和持久使用的鼓励措施、生物多样性保护和持久使用的研究和培训、宣传教育、生物多样性影响评估的要求、遗传资源获取的要求、生物多样性保护和持久使用的技术转让的立法建议、信息交流、开展技术和科学合作、生物技术的处理及其惠益的分配的建议、资金资助建议、财务机制设立要求、与其他国际公约的关系、缔约国会议的规定、秘书处的职责、提供科学和技术及工艺咨询意见的附属机构的职责、缔约国应提交的报告、缔约国之间争端的解决、缔约国议定书通过的要求、CBD 或议定书修正的程序和要求、附件通过与修正的程序和要求、缔约国的表决权、CBD 与其议定书之间的关系、公约的签署、CBD 和任何议定书批准或接受或核准的要求、加入公约的要求、加入生效的时间和要求、保留要求、退出程序、临时财务安排、保管者规定、公约作准文本等。内容详情见附录 1。

CBD 或议定书内容及相关附件等在每一次公约大会上都会有针对性的审议和修改，具体修改和决定可查询网址 https: //www.cbd.int/decisions/。

1.3 生物多样性价值

生物多样性具有许多价值，就总体而言，生物多样性的内在价值及其组成部分的价值，包括生态、遗传、社会、经济、科学、教育、文化、娱乐和美学等方面。生物多样性对进化和保持生物圈的生命维持系统也十分重要。生物多样性有直接价值和间接价值。

1.3.1 直接价值

生物多样性是支撑人类生存和可持续发展的基本自然资源之一，其直接价值体现在生物物种被用于食品、药品及能源等方面，此类价值通常可以用货币形式表现。除了可以直接为人类提供食物之外，生物多样性还能提供木材、橡胶、天然气等工业原料。直接用于食品、药品、能源和工业原料等价值称为生物多样性的直接价值（高海燕，2007）。

1.3.2 间接价值

生物多样性可以稳定生态系统生产力和依赖于生态系统生产力的生态系统服务功能（Isbell F et al.，2015）。如绿叶植物、水藻和一些微生物将太阳能转化成由碳水化合物分子组成的化学键，通过这种化学能量来推动生物的生命进程；各种各样的生物体，特别是细菌，能帮助完成巨大的化学循环，使碳、氮、硫和磷等元素能在全球范围内流通，这些方面都是生物多样性的间接价值之一（宫焕智，2017）。

生物多样性潜在价值，是指暂时还未开发的价值。地球上现已知物种有 170 多万种，野生生物种类繁多，人类已经做过比较充分研究的只是极少数，大量野生生物的使用价值目前还不清楚。但是可以肯定，这些野生生物具有巨大的潜在使用价值。

1.4 跨境景观生物多样性

Pratikshya Kandel 等（2016）的研究表明，在不丹、印度和尼泊尔之间的跨境景观的生物多样性研究有很长的历史，自 1992 年 CBD 通过以来，被记录的跨境景观的生物多样性研究显著增加。以中尺度的景观结构和生态过程关系研究见长的景观生态学对生物多样性研究、景观规划与设计和区域可持续发展等都具有重要的指导意义（徐化成，1996）。景观结构与区域生物多样性存在一定的相关关系，在有关物种构成及其分布等详细数据缺失或者不完整的情况下，它们之间的相互关系为间接评估区域生物多样性提供了可能（盛敏杰，2012）。景观破碎对于生物多样性的不良影响表现在几个方面：阻碍基因流动、减小种群面积、影响种群扩散、外界生物体侵扰、地理状况的改变等（闻旭等，2013）。跨境生物多样性景观的建设对全球生物多样性的保护具有较大的意义，为了提高生物多样性的保护成效，需要从景观生态学角度着手，提高保护的针对性和全面性。以下简单介绍跨境生物多样性景观的建设。

1.4.1 调查监测

监测内容为当地自然环境、生物多样性、社会经济和气候变化等，调查完成后对土地利用、人类活动等遥感影像解译。

1. 生物多样性调查

对跨境双边区域的生物多样性及生态环境进行野外现场调查，包括当地动植物资源、植被类型、主要指示物种等的详细调查和补充调查。

植物资源现状调查采用线路调查和样方调查相结合的方法。样方调查结合植被样方调查进行。线路调查：在调查区内设置若干条调查线路，记载途中分布的所有植物种类，遇到未知植物，采集标本进行鉴定。重点对珍稀濒危植物及特有植物（狭域分布植物）进行调查，记录其名称、分布地点（地理坐标）、种群数量和保护级别等。对于外来入侵物种要记录其分布、危害程度。植物物种调查包括种类及分布状况；珍稀特有植物的种类、数量及分布特征；外来入侵植物的种类及分布特征；植被包括该区域存在的所有植被类型。根据外业调查的结果，对调查区内植物物种进行编目。

植被群落调查以样方调查为主，对主要植被类型采用记数样方调查（农业植被除外）。对于记数样方，森林类型的样方面积一般为 400 m^2（20 m × 20 m），物种组成简单的群落，可设置面积为 100 m^2 的样方；灌丛类型样方面积为 16 m^2（4 m × 4 m）；草丛类型样方面积为 4 m^2（2 m × 2 m）。记录样方内乔木的种类、胸径、树高、生长状况和郁闭度等，灌木和草本则记载其组成种类、盖度、多度及平均高度。对于植被的地理分布，采用地面调查与遥感调查结合的方法，将 SPOT5 卫星遥感图像处理后制成工作手图；在地面调查中，对遥感判读结果进行验证、纠正。

动物多样性包括：陆栖和水生脊椎动物（鱼类、两栖类、爬行类、鸟类和兽类）的种类、多度及分布情况；珍稀物种的分布及生境状况。采用样线法、样点法、样方法、红外相机调查和访问法相结合的调查方法。根据调查区不同的植被分布状况依实际情况设置样线，沿样线以 1～1.5 km/h 的速度行走，观察遇到的脊椎动物，记录动物出现的种类、数量、活动痕迹和生境状况。对于容易识别的动物，用访问法进行辅助调查。使用非诱导性语言访问当地护林员、管理人员等，进一步确认常在调查区内活动的野生动物种类及其多度状况。样点法适宜于喀斯特山地的调查，如在山顶或山间水塘进行调查。样方法主要用于两栖爬行类和地栖鸟类的调查，或者是山间洼地等。

2. 社会经济调查

社会经济调查有多种方式，通过了解比较，选择了参与式农村评估（Rapid Rural Appraisal，RRA）方法进行调研，该方法是农村项目设计、实施、评估中常用的一种农村社会调查研究方法。这种方法源于相关研究人员首先提出并实践的快速农村评估方法，由国际咨询专家根据在肯尼亚和印度的工作实践，于 20 世纪 80 年代末至 90 年代初发展而来的。RRA 是由一个包括地方人员在内的多学科小组采用一系列参与式工作技术和技能来了解农村生活、农村社会经济活动、环境及其他信息资料，包括社区的地理、历史、文化、社会、经济、劳动力、农户生计等一系列问题，了解农业、农村及社区发展问题与机会的一种系统的、半结构式的调查研究方法。其最突出的特点是工作的全过程都强调农户的参与，从而使结果更具有可操作性和易于被农户接受。

在确认社区基本情况的基础上，召开保护区边界协商的村民会议，向当地社区居民介绍拟建的保护区边界范围，以及有关保护区的法规、政策，听取村民关于保护区边界的意见和建议。

3. 气候变化监测

气候变化对不同生态系统、群落类型、尺度范围（全球尺度、区域尺度、局地尺度）内植物多样性均有一定的影响，因此，气候变化的监测对于研究区域的生物多样性具有重要意义。

气候变化监测往往由研究区域附近的气候站点进行监测记录，所需数据可在中国气象数据网获取。若附近站点没有记录以往气候数据，可采用年轮气候学等方法建立以往的气候数据。

1.4.2 评估

根据调查监测结果对当地生态系统服务、社会发展压力和经济价值、气候变化等进行评估。

1. 生物多样性评估

传统的评估方法为源于基础生态学研究的生物多样性评估方法，主要集中在物种、群落水平上，并以 α、β、γ 等多样性指数进行测度，强调的是物种丰富度及多样性指数的计算等。新近的生物多样性评估方法有多种，主要有：一是基于保护目标的生物多样性评估方法：①以栖息地为导向的评估方法；②以生物多样性热点地区为目标的评估方法；③基于 GAP 分析的评估方法（在生物多样性上具有独一无二的地位、未受保护的区域被称为 GAP）。二是基于代理指标的评估方法。三是基于遥感技术的评估方法：①基于土地利用变化的生物多样性评估；②基于像元尺度的生物多样性评估。四是模型模拟的评估方法。这类评估强调的是生物多样性的一个侧面，难以全面反映生物多样性状态、变化、威胁及其政策决策系统的响应等综合因素的影响，详见生物多样性评估方法的综述与评价（栗忠飞和高吉喜，2018）。

2. 社会发展压力和经济价值评估

主要是对社区进行评估。以参与式农村评估的方式对邦亮林区周边社区群众的经济收入结构、组成，拟规划保护区范围内的利用资源方式，周边社区群众对林区资源的依赖程度及建立保护区后对其生产生活的影响进行了评价，找出社区发展中存在的问题，如水利基础设施和医疗卫生条件等。在调查的基础上对社区进行 SWOT（态势）分析，即将与研究对象密切相关的各种主要内部优势因素（Strengths）、弱点因素（Weaknesses）、机会因素（Opportunities）和威胁因素（Threats），通过调查罗列出来，并依照一定的次序按矩阵形式排列起来，然后运用系统分析的思想，把各种因素相互匹配起来加以分析，从中得出一系列相应的结论。

通过调查评估确定社区与保护区的建立和生物廊道的建设之间的相互影响，并找到合理的解决方法，如社区居民普遍提出廊道建设后薪柴获取的问题，根据需要划出部分区域作为其薪柴用林，保证其基本生活生产需要，或者适当地扶持群众家庭沼气池的建设和利用。一系列的调查和分析工作为生物廊道建设工作的顺利开展和维护及当地社区居民生活质量的提高打下了坚实的基础。

3. 气候变化评估

对监测所得数据进行整理，分析当地往年的气候变化，结合生物多样性调查结果分析气候变化对生物多样性的影响状况，并模拟出二者将来的变化关系。继续跟踪监测气候变化数据，得出气候变化趋势，预测当地生物多样性的变化趋势，以作出应对气候变化导致的生物多样性下降的策略。

1.4.3 景观设计

随着生物多样性保护战略由小尺度的物种保护途径转向较大尺度的区域景观途径，景观规划与设计从景观要素保护出发提出了一些有利于生物多样性保护的空间战略，景观规划在生物多样性保护中的意义日益引起了人们的重视（盛敏杰，2012）。

为克服人为干扰，进行生物多样性保护的途径和方法主要包括景观稳定性途径、焦点物种途径和绿色廊道途径，其内容主要包括：①建立绝对保护的栖息地核心区；②建立缓冲区以减小外围人为活动对核心区的干扰；③建立栖息地之间物质、能量流通的廊道；④适当增加景观异质性；⑤在关键性部位引入或恢复乡土景观斑块；⑥建立物种运动的“跳板”以连接破碎生境斑块；⑦改造生境斑块之间的质地，减少景观中的硬性边界频度以减少生物穿越边界的阻力（Forman R T T and Godron M，1990）。

景观设计除了注重空间格局或结构研究外，还要逐步转向空间关联与过程研究，理论与方法的研究重点体现在景观结构、功能方面，廊道是连接破碎化景观的有效途径之一。廊道设计方面，要尽可能减少人为的浪费密度，为物种提供充分的空间，突出乡土特性，在修建的步道与公路两旁，种植适量乡土植物，保持与原生基质之间的一致性，少建设宽度大的现代化公路，控制景区缆车数量与空中廊道数量，在各个景区之间建立联合网络体系，保持景观异质性特征，强化景区的管理（卢悦衡和彭荣胜，2012）。

经过调查评估，利用适宜生境分析和指示物种分析方法，划定生物多样性保护热点和廊道，制订生物多样性保护规划。协调生物多样性保护与当地经济发展。根据评估结果以及边境地区的景观异质性适当建立相关模型及备选方案，按经评审和修改确定后的设计方针和计划建设跨境生物多样性景观。目前大湄公河次区域（GMS）已规划设计 7 个跨境生物多样性景观。

参考文献

Forman R T T, Godron M. 景观生态学 [M]. 肖笃宁，译 . 北京：科学出版社，1990.

Isbell F, Craven D, Connolly J, et al. Biodiversity increases the resistance of ecosystem productivity to climate extremes[J]. Nature, 2015, 526(7574): 574–577.

Pratikshya Kandel, Janita Gurung, Nakul Chettri, et al. Biodiversity research trends and gap analysis from a transboundary landscape, Eastern Himalayas[J]. Elsevier BV, 2016, 9(1): 1–10.

高海燕 . 论生物多样性的价值及其保护对策 [J]. 沧桑，2007，88(4): 130–145.

宫焕智 . 论生物多样性的价值及其保护对策 [J]. 化工设计通讯，2017，43(01): 186，188.

栗忠飞，高吉喜 . 生物多样性评估方法的综述与评价 [J]. 中国发展，2018，18(2): 1–13.

卢悦衡，彭容胜 . 旅游相关生物多样性保护政策的探究 [J]. 中国商贸，2012(8): 12.

盛敏杰 . 景观生态学与生物多样性保护 [J]. 安徽农学商报，2012，18(2): 17–18, 40.

闻旭，吕浩，马文光 . 云南省生物多样性保护分析评估工作的方法与探索 [J]. 中国工程咨询，2013，152(5): 18–21.

徐化成 . 景观生态学 [M]. 北京 : 中国林业出版社，1996.

附录 1 《生物多样性公约》全文

《生物多样性公约》全文可见于官网：https: //www.cbd.int/convention/text/。

生物多样性公约

序言

缔约国：

意识到生物多样性的内在价值，和生物多样性及其组成部分的生态、遗传、社会、经济、科学、教育、文化、娱乐和美学价值，

还意识到生物多样性对进化和保持生物圈的生命维持系统的重要性，

确认生物多样性的保护是全人类的共同关切事项，

重申各国对它自己的生物资源拥有主权权利，

也重申各国有责任保护它自己的生物多样性并以可持久的方式使用它自己的生物资源，

关切一些人类活动正在导致生物多样性的严重减少，

意识到普遍缺乏关于生物多样性的资料和知识，亟须开发科学、技术和机构能力，从而提供基本理解，据以策划与执行适当措施，

注意到预测、预防和从根源上消除导致生物多样性严重减少或丧失的原因至为重要，

并注意到生物多样性遭受严重减少或损失的威胁时，不应以缺乏充分的科学定论为理由，而推迟采取旨在避免或尽量减轻此种威胁的措施，

注意到保护生物多样性的基本要求，是就地保护生态系统和自然生境，维持恢复物种在其自然环境中有生存力的群体，

并注意到移地措施，最好在原产国内实行，也可发挥重要作用。

认识到许多体现传统生活方式的土著和地方社区同生物资源有着密切和传统的依存关系，应公平分享从利用与保护生物资源及持久使用其组成部分有关的传统知识、创新和做法而产生的惠益，

并认识到妇女在保护和持久使用生物多样性中发挥的极其重要的作用，并确认妇女必须充分参与保护生物多样性的各级政策的制定和执行，

强调为了生物多样性的保护及其组成部分的持久使用，促进国家、政府间组织和非政府部门之间的国际、区域和全球性合作的重要性和必要性，

承认提供新的和额外的资金和适当取得有关的技术，可对全世界处理生物多样性丧失问题的能力产生重大影响，

进一步承认有必要订立特别规定，以满足发展中国家的需要，包括提供新的和额外的资金和适当取得的有关技术，

注意到最不发达国家和小岛屿国家这方面的特殊情况，

承认有必要大量投资以保护生物多样性，而且这些投资可望产生广泛的环境、经济和社会惠益，

认识到经济和社会发展以及根除贫困是发展中国家第一和压倒一切的优先事务，

意识到保护和持久使用生物多样性对满足世界日益增加的人口的粮食、健康和其他需求至为重要，而为此目的取得和分享遗传资源和遗传技术是必不可少的，

注意到保护和持久使用生物多样性终必增强国家间的友好关系，并有助于实现人类和平；

期望加强和补充现有保护生物多样性和持久使用其组成部分的各项国际安排；

并决心为今世后代的利益，保护和持久使用生物多样性，

兹协议如下：

第1条　目标

本公约的目标是按照本公约有关条款从事保护生物多样性、持久使用其

组成部分以及公平合理分享由利用遗传资源而产生的惠益；实现手段包括遗传资源的适当取得及有关技术的适当转让，但需顾及对这些资源和技术的一切权利，以及提供适当资金。

第 2 条 用语

为本公约的目的：

“生物多样性”是指所有来源的形形色色生物体，这些来源除其他外，包括陆地、海洋和其他水生生态系统及其构成的生态综合体；这包括物种内部、物种之间和生态系统的多样性。

“生物资源”是指对人类具有实际或潜在用途或价值的遗传资源、生物体或其部分、生物群体，或生态系统中任何其他生物组成部分。

“生物技术”是指使用生物系统、生物体或其衍生物的任何技术应用，以制作或改变产品或过程以供特定用途。

“遗传资源的原产国”是指拥有处于原产境地的遗传资源的国家。

“提供遗传资源的国家”是指供应遗传资源的国家，此种遗传资源可能是取自原地来源，包括野生物种和驯化物种的群体，或取自移地保护来源，不论是否原产于该国。

“驯化或培植物种”是指人类为满足自身需要而影响了其演化进程的物种。

“生态系统”是指植物、动物和微生物群落和它们的无生命环境作为一个生态单位交互作用形成的一个动态复合体。

“移地保护”是指将生物多样性的组成部分移到它们的自然环境之外进行保护。

“遗传材料”是指来自植物、动物、微生物或其他来源的任何含有遗传功能单位的材料。

“遗传资源”是指具有实际或潜在价值的遗传材料。

“生境”是指生物体或生物群体自然分布的地方或地点。

“原地条件”是指遗传资源生存于生态系统和自然生境之内的条件；对于

驯化或培植的物种而言，其环境是指它们在其中发展出其明显特性的环境。

“就地保护”是指保护生态系统和自然生境以及维持和恢复物种在其自然环境中有生存力的群体；对于驯化和培植物种而言，其环境是指它们在其中发展出明显特性的环境。

“保护区”是指一个划定地理界限、为达到特定保护目标而指定或实行管制和管理的地区。

“区域经济一体化组织”是指由某一区域的一些主权国家组成的组织，其成员国已将处理本公约范围内的事务的权力付托它并已按照其内部程序获得正式授权，可以签署、批准、接受、核准或加入本公约。

“持久使用”是指使用生物多样性组成部分的方式和速度不会导致生物多样性的长期衰落，从而保持其今世后代的需要和期望的潜力。

“技术”包括生物技术。

第3条　原则

依照联合国宪章和国际法原则，各国具有按照其环境政策开发其资源的主权权利，同时亦负有责任，确保在它管辖或控制范围内的活动，不致对其他国家的环境或国家管辖范围以外地区的环境造成损害。

第4条　管辖范围

以不妨碍其他国家权利为限，除非本公约另有明文规定，本公约规定应按下列情形对每一缔约国适用：

（a）生物多样性组成部分位于该国管辖范围的地区内；

（b）在该国管辖或控制下开展的过程和活动，不论其影响发生在何处，此种过程和活动可位于该国管辖区内也可在国家管辖区外。

第5条　合作

每一缔约国应尽可能并酌情直接与其他缔约国或酌情通过有关国际组织为保护和持久使用生物多样性在国家管辖范围以外地区并就共同关心的其他

事项进行合作。

第 6 条　保护和持久使用方面的一般措施

每一缔约国应按照其特殊情况和能力：

（a）为保护和持久使用生物多样性制定国家战略、计划或方案，或为此目的变通其现有战略、计划或方案，这些战略、计划或方案除其他外应体现本公约内载明与该缔约国有关的措施；

（b）尽可能并酌情将生物多样性的保护和持久性使用订入有关部门或跨部门计划、方案和政策内。

第 7 条　查明与监测

每一缔约国应尽可能并酌情，特别是为了第 8 条至第 10 条的目的：

（a）查明对保护和持久使用生物多样性至关重要的生物多样性组成部分，要顾及附件一所载指示性种类清单；

（b）通过抽样调查和其他技术，监测依照以上（a）项查明的生物多样性组成部分，要特别注意那些需要采取紧急保护措施以及那些具有最大持久使用潜力的组成部分；

（c）查明对保护和持久使用生物多样性产生或可能产生重大不利影响的过程和活动种类，并通过抽样调查和其他技术，监测其影响；

（d）以各种方式维持并整理依照以上（a）、（b）、（c）项从事查明和监测活动所获得的数据。

第 8 条　就地保护

每一缔约国应尽可能并酌情：

（a）建立保护区系统或需要采取特殊措施以保护生物多样性的地区；

（b）于必要时，制定准则据以选定、建立和管理保护区或需要采取特殊措施以保护生物多样性的地区；

（c）管制或管理保护区内外对保护生物多样性至关重要的生物资源，以确保这些资源得到保护和持久使用；

（d）促进保护生态系统、自然生境和维护自然环境中有生存力的物种群体；

（e）在保护区域的邻接地区促进无害环境的持久发展以谋增进这些地区的保护；

（f）除其他外，通过制定和实施各项计划或其他管理战略，重建和恢复已退化的生态系统，促进受威胁物种的复原；

（g）制定或采取办法以酌情管制、管理或控制由生物技术改变的活生物体在使用和释放时可能产生的危险，即可能对环境产生不利影响，从而影响到生物多样性的保护和持久使用，也要考虑到对人类健康的危险；

（h）防治引进、控制或消除那些威胁到生态系统、生境或物种的外来物种；

（i）设法提供现时的使用与生物多样性的保护及其组成部分的持久使用彼此相辅相成所需的条件；

（j）依照国家立法，尊重、保存和维持土著和地方社区体现传统生活方式而与生物多样性的保护和持久使用相关的知识、创新和做法并促进其广泛应用，由此等知识、创新和做法的拥有者认可和参与其事并鼓励公平地分享因利用此等知识、创新和做法而获得的惠益；

（k）制定或维持必要立法和/或其他规范性规章，以保护受威胁物种和群体；

（l）在依照第7条确定某些过程或活动类别已对生物多样性造成重大不利影响时，对有关过程和活动类别进行管制或管理；

（m）进行合作，就以上（a）至（l）项所概括的就地保护措施特别向发展中国家提供财务和其他支助。

第9条　移地保护

每一缔约国应尽可能并酌情，主要为辅助就地保护措施起见：

（a）最好在生物多样性组成部分的原产国采取措施移地保护这些组成

部分；

（b）最好在遗传资源原产国建立和维持移地保护及研究植物、动物和微生物的设施；

（c）采取措施以恢复和复兴受威胁物种并在适当情况下将这些物种重新引进其自然生境中；

（d）对于为移地保护目的在自然生境中收集生物资源实施管制和管理，以免威胁到生态系统和当地的物种群体，除非根据以上（c）项必须采取临时性特别移地措施；

（e）进行合作，为以上（a）至（d）项所概括的移地保护措施以及在发展中国家建立和维持移地保护设施提供财务和其他援助。

第 10 条　生物多样性组成部分的持久使用

每一缔约国应尽可能并酌情：

（a）在国家决策过程中考虑到生物资源的保护和持久使用；

（b）采取关于使用生物资源的措施，以避免或尽量减少对生物多样性的不利影响；

（c）保障及鼓励那些按照传统文化惯例而且符合保护或持久使用要求的生物资源习惯使用方式；

（d）在生物多样性已减少的退化地区支助地方居民规划和实施补救行动；

（e）鼓励其政府当局和私营部门合作制定生物资源持久使用的方法。

第 11 条　鼓励措施

每一缔约国应尽可能并酌情采取对保护和持久使用生物多样性组成部分起鼓励作用的经济和社会措施。

第 12 条　研究和培训

缔约国考虑到发展中国家的特殊需要，应：

（a）在查明、保护和持久使用生物多样性及其组成部分的措施方面建立和维持科技教育和培训方案，并为此种教育和培训提供支助以满足发展中国家的特殊需要；

（b）特别在发展中国家，除其他外，按照缔约国会议根据科学、技术和工艺咨询事务附属机构的建议做出的决定，促进和鼓励有助于保护和持久使用生物多样性的研究；

（c）按照第16条、第18条和第20条的规定，提倡利用生物多样性科研进展，制定生物资源的保护和持久使用方法，并在这方面进行合作。

第13条　公众教育和认识

缔约国应：

（a）促进和鼓励对保护生物多样性的重要性及所需要的措施的理解，并通过大众传播工具进行宣传和将这些题目列入教育课程；

（b）酌情与其他国家和国际组织合作制定关于保护和持久使用生物多样性的教育和公众认识方案。

第14条　影响评估和尽量减少不利影响

1. 每一缔约国应尽可能并酌情：

（a）采取适当程序，要求就其可能对生物多样性产生严重不利影响的拟议项目进行环境影响评估，以期避免或尽量减轻这种影响，并酌情允许公众参加此种程序；

（b）采取适当安排，以确保其可能对生物多样性产生严重不利影响的方案和政策的环境后果得到适当考虑；

（c）在互惠基础上，就其管辖或控制范围内对其他国家或国家管辖范围以外地区生物多样性可能产生严重不利影响的活动促进通报、信息交流和磋商，其办法是为此鼓励酌情订立双边、区域或多边安排；

（d）如遇其管辖或控制下起源的危险即将或严重危及或损害其他国家管辖的地区内或国家管辖地区范围以外的生物多样性的情况，应立即将此种危险或损害通知可能受影响的国家，并采取行动预防或尽量减轻这种危险或损害；

（e）促进做出国家紧急应变安排，以处理大自然或其他原因引起即将严重危及生物多样性的活动或事件，鼓励旨在补充这种国家努力的国际合作，并酌情在有关国家或区域经济一体化组织同意的情况下制订联合应急计划。

2. 缔约国会议应根据所作的研究，审查生物多样性所受损害的责任和补救问题，包括恢复和赔偿，除非这种责任纯属内部事务。

第 15 条　遗传资源的取得

1. 确认各国对其自然资源拥有的主权权利，因而可否取得遗传资源的决定权属于国家政府，并依照国家法律行使。

2. 每一缔约国应致力创造条件，便利其他缔约国取得遗传资源用于无害环境的用途，不对这种取得施加违背本公约目标的限制。

3. 为本公约的目的，本条以及第 16 条和第 19 条所指缔约国提供的遗传资源仅限于这种资源原产国的缔约国或按照本公约取得该资源的缔约国所提供的遗传资源。

4. 取得批准后，应按照共同商定的条件并遵照本条的规定进行。

5. 遗传资源的取得须经提供这种资源的缔约国事先知情同意，除非该缔约国另有决定。

6. 每一缔约国使用其他缔约国提供的遗传资源从事开发和进行科学研究时，应力求这些缔约国充分参与，并于可能时在这些缔约国境内进行。

7. 每一缔约国应按照第 16 条和第 19 条，并于必要时利用第 20 条和第 21 条设立的财务机制，酌情采取立法、行政或政策性措施，以期与提供遗传资源的缔约国公平分享研究和开发此种资源的成果以及商业和其他方面利用此种资源所获的利益。这种分享应按照共同商定的条件。

第 16 条　技术的取得和转让

1. 每一缔约国认识到技术包括生物技术，且缔约国之间技术的取得和转让均为实现本公约目标必不可少的要素，因此承诺遵照本条规定向其他缔约国提供和 / 或便利其取得并向其转让有关生物多样性保护和持久使用的技术或利用遗传资源而不对环境造成重大损害的技术。

2. 以上第 1 款所指技术的取得和向发展中国家转让，应按公平和最有利条件提供或给予便利，包括共同商定时，按减让和优惠条件提供或给予便利，并于必要时按照第 20 条和第 21 条设立的财务机制。此种技术属于专利和其他知识产权的范围时，这种取得和转让所根据的条件应承认且符合知识产权的充分有效保护。本款的应用应符合以下第 3 款、第 4 款和第 5 款的规定。

3. 每一缔约国应酌情采取立法、行政或政策措施，以期根据共同商定的条件向提供遗传资源的缔约国，特别是其中的发展中国家，提供利用这些遗传资源的技术和转让此种技术，其中包括受到专利和其他知识产权保护的技术，必要时通过第 20 条和第 21 条的规定，遵照国际法，以符合以下第 4 款和第 5 款规定的方式进行。

4. 每一缔约国应酌情采取立法、行政或政策措施，以期私营部门为第 1 款所指技术的取得、共同开发和转让提供便利，以惠益于发展中国家的政府机构和私营部门，并在这方面遵守以上第 1 款、第 2 款和第 3 款规定的义务。

5. 缔约国认识到专利和其他知识产权可能影响到本公约的实施，因而应在这方面遵照国家立法和国际法进行合作，以确保此种权利有助于而不违反本公约的目标。

第 17 条　信息交流

1. 缔约国应便利有关生物多样性保护和持久使用的一切公众可得信息的交流，要照顾到发展中国家的特殊需要。

2. 此种信息交流应包括交流技术、科学和社会经济研究成果，以及培训和调查方案的信息、专门知识、当地和传统知识本身及连同第 16 条第 1 款中所指的技术。可行时也应包括信息的归还。

第 18 条　技术和科学合作

1. 缔约国应促进生物多样性保护和持久使用领域的国际科技合作，必要时可通过适当的国际机构和国家机构来开展这种合作。

2. 每一缔约国应促进与其他缔约国尤其是发展中国家的科技合作，以执行本公约，办法之中包括制定和执行国家政策。促进此种合作时应特别注意通过人力资源开发和机构建设以发展和加强国家能力。

3. 缔约国会议应在第一次会议上确定如何设立交换所机制以促进并便利科技合作。

4. 缔约国为实现本公约的目标，应按照国家立法和政策，鼓励并制定各种合作方法以开发和使用各种技术，包括当地技术和传统技术在内。为此目的，缔约国还应促进关于人员培训和专家交流的合作。

5. 缔约国应经共同协议促进设立联合研究方案和联合企业，以开发与本公约目标有关的技术。

第 19 条　生物技术的处理及其惠益的分配

1. 每一缔约国应酌情采取立法、行政和政策措施，让提供遗传资源用于生物技术研究的缔约国，特别是其中的发展中国家，切实参与此种研究活动；可行时，研究活动宜在这些缔约国中进行。

2. 每一缔约国应采取一切可行措施，以赞助和促进那些提供遗传资源的缔约国，特别是其中的发展中国家，在公平的基础上优先取得基于其提供资源的生物技术所产生成果和惠益。此种取得应按共同商定的条件进行。

3. 缔约国应考虑是否需要一项议定书，规定适当程序，特别包括事先知情协议，适用于可能对生物多样性的保护和持久使用产生不利影响的由生物技术改变的任何活生物体的安全转让、处理和使用，并考虑该议定书的形式。

4. 每一缔约国应直接或要求其管辖下提供以上第 3 款所指生物体的任何自然人和法人，将该缔约国在处理这种生物体方面规定的使用和安全条例的任何现有资料以及有关该生物体可能产生的不利影响的任何现有资料，提供给将要引进这些生物体的缔约国。

第 20 条　资金

1. 每一缔约国承诺依其能力为那些旨在根据其国家计划、优先事项和方案实现本公约目标的活动提供财政支助和鼓励。

2. 发达国家缔约国应提供新的额外的资金，以使发展中国家缔约国能支付它们因执行那些履行本公约义务的措施而承负的议定的全部增加费用，并使它们能享到本公约条款产生的惠益；上项费用将由个别发展中国家同第21条所指的体制机构商定，但须遵循缔约国会议所制定的政策、战略、方案重点、合格标准和增加费用指示性清单。其他缔约国，包括那些处于向市场经济过渡进程的国家，得自愿承负发达国家缔约国的义务。为本条的目的，缔约国会议应在其第一次会议上确定一份发达国家缔约国和其他自愿承负发达国家缔约国义务的缔约国名单。缔约国会议应定期审查这份名单并于必要时加以修改。另将鼓励其他国家和来源以自愿方式作出捐款。履行这些承诺时，应考虑到资金提供必须充分、可预测和及时，且名单内缴款缔约国之间共同承担义务也极为重要。

3. 发达国家缔约国也可通过双边、区域和其他多边渠道提供与执行本公约有关的资金，而发展中国家缔约国则可利用该资金。

4. 发展中国家缔约国有效地履行其根据公约作出的承诺的程度将取决于发达国家缔约国有效地履行其根据公约就财政资源和技术转让作出的承诺，并将充分估计经济和社会发展以及消除贫困是发展中国家缔约国的首要优先事项这一事实。

5. 各缔约国在其就筹资和技术转让采取行动时应充分考虑到最不发达国家的具体需要和特殊情况。

6. 缔约国还应考虑到发展中国家缔约国，特别是小岛屿国家中由于对生物多样性的依赖、生物多样性的分布和地点而产生的特殊情况。

7. 发展中国家——包括环境方面最脆弱（如境内有干旱和半干旱地带、沿海和山岳地区）的国家——的特殊情况也应予以考虑。

第21条　财务机制

1. 为本公约的目的，应有一机制在赠与或减让条件的基础上向发展中国家缔约国提供资金，本条中说明其主要内容。该机制应为本公约目的而在缔约国会议权利下履约职责，遵循会议的指导并向其负责。该机制的业务应由缔约国会议第一次会议或将决定采用的一个体制机构开展。为本公约的目的，缔约国会议应确定有关此项资源获取和利用的政策、战略、方案重点和资格标准。捐款额应按照缔约国会议决定期决定所需的资金数额，考虑到第20条所指资金流动量充分、及时且可以预计的需要和列入第20条第2款所指名单的缴款缔约国分担负担的重要性。发达国家缔约国和其他国家及来源也可提供自愿捐款。该机制应在民主和透明的管理体制内开展业务。

2. 依据本公约目标，缔约国会议应在其第一次会议上确定政策、战略和方案重点，以及详细的资格标准和准则，用于资金的获取和利用，包括对此种利用的定期监测和评价。缔约国会议应在同受托负责财务机制运行的体制机构协商后，就实行以上第1款的安排做出决定。

3. 缔约国会议应在本公约生效后不迟于两年内，其后在定期基础上，审查依照本条规定设立的财务机制的功效，包括以上第2款所指的标准和准则。根据这种审查，会议应于必要时采取适当行动，以增进该机制的功效。

4. 缔约国应审议如何加强现有的金融机构，以便为生物多样性的保护和持久使用提供资金。

第22条 与其他国际公约的关系

1. 本公约的规定不得影响任何缔约国在任何现有国际协定下的权利和义务，除非行使这些权利和义务将严重破坏或威胁生物多样性。

2. 缔约国在海洋环境方面实施本公约不得抵触各国在海洋法下的权利和义务。

第23条 缔约国会议

1. 特此设立缔约国会议。缔约国会议第一次会议应由联合国环境规划署执行主任于本公约生效后一年内召开。其后，缔约国会议的常会应依照第一次会议所规定的时间定期举行。

2. 缔约国会议可于其认为必要的其他时间举行非常会议；如经任何缔约

国书面请求，由秘书处将该项请求转至各缔约国后六个月内至少有三分之一缔约国表示支持时，亦可举行非常会议。

3. 缔约国会议应以协商一致方式商定和通过它本身的和它可能设立的任何附属机构的议事规则和关于秘书处经费的财务细则。缔约国会议应在每次常会通过到下届常会为止的财政期间的预算。

4. 缔约国会议应不断审查本公约的实施情形，为此应：

（a）就按照第 26 条规定递送的资料规定递送格式及间隔时间，并审议此种资料以及任何附属机构提交的报告；

（b）审查按照第 25 条提供的关于生物多样性的科学、技术和工艺咨询意见；

（c）视需要按照第 28 条审议并通过议定书；

（d）视需要按照第 29 条和第 30 条审议并通过对本公约及其附件的修正；

（e）审议对任何议定书及其任何附件的修正，如做出修正决定，则建议有关议定书缔约国予以通过；

（f）视需要按照第 30 条审议并通过本公约的增补附件；

（g）视实施本公约的需要，设立附属机构，特别是通过科技咨询意见的机构；

（h）通过秘书处，与处理本公约所涉事项的各公约的执行机构进行接触，以期与它们建立适当的合作形式；

（i）参酌实施本公约取得的经验，审议并采取为实现本公约的目的可能需要的任何其他行动。

5. 联合国、其各专门机构和国际原子能机构以及任何非本公约缔约国的国家，均可派观察员出席缔约国会议。任何其他组织或机构，无论是政府性质或非政府性质，只要在与保护和持久使用生物多样性有关领域具有资格，并通知秘书处愿意以观察员身份出席缔约国会议，都可被接纳参加会议，除非有至少三分之一的出席缔约国表示反对。观察员的接纳与参加应遵照缔约国会议通过的议事规则处理。

第 24 条　秘书处

1. 特此设立秘书处，其职责如下：

（a）为第 23 条规定的缔约国会议作出安排并提供服务；

（b）执行任何议定书可能指派给它的职责；

（c）编制关于它根据本公约执行职责情况的报告，并提交缔约国会议；

（d）与其他有关国际机构取得协调，特别是订出各种必要的行政和合同安排，以便有效地执行其职责；

（e）执行缔约国会议可能规定的其他职责。

2. 缔约国会议应在其第一次常会上从那些已经表示愿意执行本公约规定的秘书处职责的现有合格国际组织之中指定某一组织为秘书处。

第 25 条　科学、技术和工艺咨询事务附属机构

1. 特此设立一个提供科学、技术和工艺咨询意见的附属机构，以向缔约国会议，并酌情向它的其他附属机构及时提供有关执行本公约的咨询意见。该机构应开放供所有缔约国参加，并应为多学科性。它应由有关专门知识领域内卓有专长的政府代表组成。它应定期向缔约国会议报告其各个方面的工作。

2. 这个机构应在缔约国会议的权力下、按照会议所订的准则并应其要求：

（a）提供关于生物多样性状况的科学和技术评估意见；

（b）编制有关按照本公约条款所采取各类措施的功效的科学和技术评估报告；

（c）查明有关保护和持久使用生物多样性的创新的、有效的和当代最先进的技术和专门技能，并就促进此类技术的开发和 / 或转让的途径和方法提供咨询意见；

（d）就有关保护和持久使用生物多样性的科学方案以及研究和开发方面的国际合作提供咨询意见；

（e）回答缔约国会议及其附属机构可能向其提出的有关科学、技术、工

艺和方法的问题。

3. 这个机构的职责、权限、组织和业务可由缔约国会议进一步订立。

第 26 条　报告

每一缔约国应按缔约国会议决定的间隔时间，向缔约国会议提交关于该国为执行本公约条款已采取的措施以及这些措施在实现本公约目标方面的功效的报告。

第 27 条　争端的解决

1. 缔约国之间在就公约的解释或适用方面发生争端时，有关的缔约国应通过谈判方式寻求解决。

2. 如果有关缔约国无法以谈判方式达成协议，它们可以联合要求第三方进行斡旋或要求第三方出面调停。

3. 在批准、接受、核准或加入本公约时或其后的任何时候，一个国家或区域经济一体化组织可书面向保管者声明，对按照以上第 1 款或第 2 款未能解决的争端，它接受下列一种或两种争端解决办法作为强制性办法：

（a）按照附件二第 1 部分规定的程序进行仲裁；

（b）将争端提交国际法院。

4. 如果争端各方尚未按照以上第 3 款规定接受同一或任何程序，则这项争端应按照附件二第 2 部分规定提交调解，除非缔约国另有协议。

5. 本条规定适用于任何议定书，除非该议定书另有规定。

第 28 条　议定书的通过

1. 缔约国应合作拟订并通过本公约的议定书。

2. 议定书应由本公约缔约国会议举行会议通过。

3. 任何拟议议定书的案文应由秘书处至少在举行上述会议以前六个月递交各缔约国。

第 29 条 公约或议定书的修正

1. 任何缔约国均可就本公约提出修正案。议定书的任何缔约国可就该议定书提出修正案。

2. 本公约的修正案应由缔约国会议举行会议通过。对任何议定书的修正案应在该议定书缔约国的会议上通过。就本公约或任何议定书提出的修正案，除非该议定书另有规定，应由秘书处至少在举行拟议通过该修正案的会议以前六个月递交公约或有关议定书缔约国。秘书处也应将拟议的修正案递交本公约的签署国供其参考。

3. 缔约国应尽力以协商一致方式就本公约或任何议定书的任何拟议修正案达成协议，如果尽了一切努力仍无法以协商一致方式达成协议，则作为最后办法，应以出席并参加表决的有关文书的缔约国三分之二多数票通过修正案；通过的修正应由保管者送交所有缔约国批准、接受或核准。

4. 对修正案的批准、接受或核准，应以书面通知保管者。依照以上第 3 款通过的修正案，应于至少三分之二公约缔约国或三分之二有关议定书缔约国交存批准、接受或核准书之后第九十天在接受修正案的各缔约国之间生效，除非议定书内另有规定。其后，任何其他缔约国交存其对修正的批准、接受或核准书第九十天之后，修正即对它生效。

5. 为本条的目的，“出席并参加表决的缔约国”是指在场投赞成票或反对票的缔约国。

第 30 条 附件的通过与修正

1. 本公约或任何议定书的附件应成为本公约或议定书的一个构成部分；除非另有明确规定，凡提及本公约或其他议定书时，亦包括其任何附件在内。这种附件应以程序、科学、技术和行政事项为限。

2. 任何议定书就其附件可能另有规定者除外，本公约的增补附件或任何议定书的附件的提出、通过和生效，应适用于下列程序：

（a）本公约或任何议定书的附件应依照第 29 条规定的程序提出和通过。

（b）任何缔约国如果不能接受本公约的某一增补附件或它作为缔约国的任何议定书的某一附件，应于保管者就其通过发出通知之日起一年内将此情况书面通知保管者。保管者应于接到任何此种通知后立即通知所有缔约国。一缔约国可于任何时间撤销以前的反对声明，有关附件即按以下（c）项规定对它生效。

（c）在保管者就附件通过发出通知之日起满一年后，该附件应对未曾依照以上（b）项发出通知的本公约或任何有关议定书的所有缔约国生效。

3. 本公约附件或任何议定书附件的提出、通过和生效，应遵照本公约附件或议定书附件的提出、通过和生效所适用的同一程序。

4. 如一个增补附件或对某一附件的修正案涉及对本公约或任何议定书的修正，则该增补附件或修正案须于本公约或有关议定书的修正生效以后方能生效。

第 31 条　表决权

1. 除以下第 2 款之规定外，本公约或任何议定书的每一缔约国应有一票表决权。

2. 区域经济一体化组织对属于其权限的事项行使表决权时，其票数相当于其作为本公约或有关议定书缔约国的成员国数目。如果这些组织的成员国行使其表决权，则该组织就不应行使其表决权，反之亦然。

第 32 条　本公约与其议定书之间的关系

1. 一国或一区域经济一体化组织不得成为议定书缔约国，除非已是或同时成为本公约缔约国。

2. 任何议定书下的决定，只应由该议定书缔约国作出。尚未批准、接受或核准一项议定书的公约缔约国，得以观察员身份参加该议定书缔约国的任何会议。

第 33 条　签署

本公约应从 1992 年 6 月 5 日至 14 日在里约热内卢并从 1992 年 6 月

15 日至 1993 年 6 月 4 日在纽约联合国总部开放供各国和各区域经济一体化组织签署。

第 34 条　批准、接受或核准

1. 本公约和任何议定书须由各国和各区域经济一体化组织批准、接受或核准。批准、接受或核准书应交存保管者。

2. 以上第 1 款所指的任何组织如成为本公约或任何议定书的缔约组织而该组织没有任何成员国是缔约国，则该缔约组织应受公约或议定书规定的一切义务的约束。如这种组织的一个或多个成员国是本公约或有关议定书的缔约国，则该组织及其成员国应就履行其公约或议定书义务的各自责任作出决定。在这种情况下，该组织和成员国不应同时有权行使本公约或有关议定书规定的权利。

3. 以上第 1 款所指组织应在其批准、接受或核准书中声明其对本公约或有关议定书所涉事项的权限。这些组织也应将其权限的任何有关变化通知保管者。

第 35 条　加入

1. 本公约及任何议定书应自公约或有关议定书签署截止日期起开放供各国和各区域经济一体化组织加入。加入书应交存保管者。

2. 以上第 1 款所指组织应在其加入书中声明其对本公约或有关议定书所涉事项的权限。这些组织也应将其权限的任何有关变化通知保管者。

3. 第 34 条第 2 款规定应适用于加入本公约或任何议定书的区域经济一体化组织。

第 36 条　生效

1. 本公约于第三十份批准、接受、核准或加入书交存之日以后第九十天生效。

2. 任何议定书应于该议定书订明份数的批准、接受、核准或加入书交存之日以后第九十天生效。

3. 对于在第三十份批准、接受、核准或加入书交存后批准、接受、核准本公约或加入本公约的每一缔约国，本公约应于缔约国的批准、接受、核准或加入书交存之日后第九十天生效。

4. 任何议定书，除非其中另有规定，对于在该议定书依照以上第 2 款规定生效后批准、接受、核准该议定书或加入该议定书的缔约国，应于该缔约国的批准、接受、核准或加入书交存之日以后第九十天生效，或于本公约对该缔约国生效之日生效，以两者中较后日期为准。

5. 为以上第 1 款和第 2 款的目的，区域经济一体化组织交存的任何文书不得在该组织成员国所交存文书以外另行计算。

第 37 条　保留

不得对本公约作出任何保留。

第 38 条　退出

1. 一缔约国于本公约对其生效之日起两年之后的任何时间向保管者提出书面通知，可退出本公约。

2. 这种退出应在保管者接到退出通知之日起一年后生效，或在退出通知中指明的一个较后日期生效。

3. 任何缔约国一旦退出本公约，即应被视为也已退出它加入的任何议定书。

第 39 条　临时财务安排

在本公约生效之后至缔约国会议第一次会议期间，或至缔约国会议决定根据第 21 条指定某一体制机构为止，联合国开发计划署、联合国环境规划署和国际复兴开发银行合办的全球环境贷款设施若已按照第 21 条的要求充分改组，则应暂时为第 21 条所指的体制机构。

第 40 条　秘书处临时安排

在本公约生效之后至缔约国会议第一次会议期间，联合国环境规划署执行主任提供的秘书处应暂时为第 24 条第 2 款所指的秘书处。

第 41 条　保管者

联合国秘书长应负起本公约及任何议定书的保管者的职责。

第 42 条　作准文本

本公约原本应交存于联合国秘书长，其阿拉伯文、中文、英文、法文、俄文和西班牙文本均为作准文本。

为此，下列签名代表，经正式授权，在本公约上签字，以昭信守。

公元一千九百九十二年六月五日订于里约热内卢。

附件一

查明和监测

1. 生态系统和生境：内有高度多样性，大量地方特有物种或受威胁物种或原野；为移栖物种所需；具有社会、经济、文化或科学重要性，或具有代表性、独特性或涉及关键进化过程或其他生物进程；

2. 以下物种和群体：受到威胁；驯化或培植物种的野生亲系；具有医药、农业或其他经济价值；具有社会、科学或文化重要性；或对生物多样性保护和持久使用的研究具有重要性，如指标物种；

3. 经述明的具有社会、科学或经济重要性的基因组和基因。

附件二

第1部分
仲裁

第1条

提出要求一方应通知秘书处，当事各方正依照本公约第30条将争端提交仲裁。通知应说明仲裁的主题事项，并特别列入在解释或适用上发生争端的本公约或议定书条款。如果当事各方在法庭庭长指定之前没有就争端的主题事项达成一致意见，则仲裁法庭应裁定主题事项。秘书处应将收到的上述资料递送本公约或有关议定书的所有缔约国。

第2条

1. 对于涉及两个当事方的争端，仲裁法庭应由仲裁员三人组成。争端每一方应指派仲裁员一人，被指派的两位仲裁员应共同协议指定第三位仲裁员，并由他担任法庭庭长。后者不应是争端任何一方的国民，且不得为争端任何一方境内的通常居民，也不得为争端任何一方所雇用，亦不曾以任何其他身份涉及该案件。

2. 对于涉及两个以上当事方的争端，利害关系相同的当事方应通过协议共同指派一位仲裁员。

3. 任何空缺都应按早先指派时规定的方式填补。

第3条

1. 如在指派第二位仲裁员后两个月内仍未指定仲裁法庭庭长，联合国秘书长经任何一方请求，应在其后的两个月内指定法庭庭长。

2. 如争端一方在接到要求后两个月内没有指派一位仲裁员，另一方可通知联合国秘书长，后者应在其后的两个月内指定一位仲裁员。

第4条

仲裁法庭应按照本公约、任何有关议定书和国际法的规定作出裁决。

第5条

除非争端各方另有协议，仲裁法庭应制定自己的议事规则。

第6条

仲裁法庭可应当事一方的请求建议必要的临时保护措施。

第7条

争端各方应便利仲裁法庭的工作，尤应以一切可用的方法：

（a）向法庭提供一切有关文件，资料和便利；

（b）在必要时使用法庭得以传唤证人或专家作证并接受其证据。

第8条

当事各方和仲裁员都有义务保护其在仲裁法庭诉讼期间秘密接受的资料的机密性。

第9条

除非仲裁法庭因案情特殊而另有决定，法庭的开支应由争端各方平均分担。法庭应保存一份所有开支的记录，并向争端各方提送一份开支决算表。

第10条

任何缔约国在争端的主题事项方面有法律性质的利害关系，可能因该案件的仲裁受到影响，经法庭同意得参加仲裁程序。

第 11 条

法庭得就争端的主题事项直接引起的反诉听取陈述并作出仲裁。

第 12 条

仲裁法庭关于程序问题和实质问题的仲裁都应以其成员的多数票作出。

第 13 条

争端一方不到案或辩护其主张时，他方可请求仲裁法庭继续进行仲裁程序并作出裁决。一方缺席或不辩护其主张不应妨碍仲裁程序的进行。仲裁法庭在作出裁决之前，必须查明该要求在事实上和法律上都确有根据。

第 14 条

除非法庭认为必须延长期限，法庭应在组成后五个月内作出裁决，延长的期限不得超过五个月。

第 15 条

仲裁法庭的裁决应以对争端的主题事项为限，并应叙明所根据的理由。裁决书应载明参与裁决的仲裁员姓名以及作出裁决的日期。任何仲裁员都可以在裁决书上附加个别意见或异议。

第 16 条

裁决对于争端各方具有拘束力。裁决不得上诉，除非争端各方事前议定某种上诉程序。

第 17 条

争端各方如对裁决的解释或执行方式有任何争执，任何一方都可以提请作出该裁决的仲裁法庭做出决定。

第2部分
调解

第1条

应争端一方的请求，应设立调解委员会。除非当事方另有协议，委员会应由五位成员组成，每一方指定二位成员，主席则由这些成员共同选定。

第2条

对于涉及两个以上当事方的争端，利害关系相同的当事方应通过协议共同指派其调解委员会成员。如果两个或两个以上当事方持有个别的利害关系或对它们是否利害关系相同持有分歧意见，则应分别指派其成员。

第3条

如果在请求设立调解委员会后两个月内当事方未指派任何成员，联合国秘书长按照提出请求的当事方的请求，应在其后两个月内指定这些成员。

第4条

如在调解委员会最后一位成员指派以后两个月内尚未选定委员会主席，联合国秘书长经一方请求，应在其后两个月内指定一位主席。

第5条

调解委员会应按其成员多数票作出决定。除非争端各方另有协议，它应制定其程序。它应提出解决争端的建议，而当事方应予以认真考虑。

第6条

对于调解委员会是否拥有权限的意见分歧，应由委员会做出决定。

第2章

生物多样性调查

2.1 陆生野生动物调查

2.1.1 调查方法

陆生野生动物调查常用方法包括样线法、样方法、样点法、红外自动数码照相法、访问调查法等。

1. 样线法

样线布设应考虑野生动物的栖息地类型、活动范围、生态习性和交通工具通达性等，宜选择分层随机抽样。

样线长度以确保该样线的调查在当天能够完成为原则，调查时间控制在4～5 h。森林生态系统样线长度以2～5 km为宜，样线单侧宽度：两栖类5～15 m、爬行类10～15 m、鸟类25～30 m、兽类20～25 m；湿地生态系统样线长度以5～10 km为宜，样线单侧宽度：两栖爬行类2～5 m、鸟类50～150 m、兽类50～100 m。依据实际情况，在保证具有良好观察视野的前提下，在不同的生境类型中，可以适当改变样线单侧宽度。

2. 样方法

样方大小和形状布设应考虑野生动物的栖息地类型、活动范围、生态习性和交通工具通达性等，宜选择分层随机抽样。

操作时，样方宽度和长度宜使用以下方法进行确定：样方宽度 = 样线单

侧宽 ×2× 人数，样线长度≥样方宽度。

3. 样点法

样点布设应考虑野生动物的栖息地类型、活动范围、生态习性和交通工具通达性等，宜选择分层随机抽样。

样点法适用于鸟类调查，森林生态系统样点半径 25～50 m，在原始森林内样点半径可以适当提高 5～10 m；湿地生态系统样点半径在开阔生境以 150 m 以内为宜。

4. 红外自动数码照相法

对数量稀少、活动规律特殊、在野外很难见到实体的物种的调查应使用红外自动数码照相法。

在调查样区布设自动照相机，照相机布设适度考虑均匀性原则，相机密度不少于 1 台 /1 000 hm^2，每台相机连续工作时长不少于 1 000 h；安装相机时，将相机固定在树干等自然物体上，确保相机不会非人为脱落；注意适度伪装相机，以防轻易被非工作人员取走；相机安装高度以距地面 0.3～0.8 m 为宜；为保证相对较宽的拍摄视野，镜头宜与地面平行，尽可能避免阳光直射镜头；相机宜选择全天拍摄模式；相机固定后，应反复进行测试，确保相机正常工作；相机安装完毕后，在地形图上清楚标出相机安放地点，最后对现场进行清理，还原当地自然环境。

5. 访问调查法

适用于容易辨认的野生动物，采用访问调查法向当地群众进行访问调查，访问对象包括当地林业局野生动物保护管理人员、林场职工、护林员和当地居民等经常在调查区域活动的人士。访问时避免给予受访者导向性提示，先请其简要介绍遇见过的动物的形态特征、叫声特点、分布地点和遇见时间等，初步判断其所说的信息正确与否，然后请其翻看相关工具书，让其自行指出具体物种。

通过访问调查和资料查询，表明近 5 年内在该调查区域内曾发现某调查对象的，可认为该物种在该样区有分布。

2.1.2 兽类调查

1. 样线法

在调查样区内分层随机布设理论样线，根据地形地貌和样线行走的可行性等实际情况设置实际样线，实际样线与理论样线可存在一定程度的偏移，调查时以实际样线为准，实际样线长度应与理论样线相等，且实际样线方向应尽可能横截山体走向，并覆盖山体中上部。样线间隔不少于 1 km。如遇悬崖或江河阻隔，在一定时间内绕过后应继续保持原方向前进。

调查时以 1～2 km/h 的速度行走样线，使用双筒望远镜辅助观察，发现动物实体或其痕迹时，记录动物名称、数量、痕迹种类、与中线距离、地理位置等信息。

2. 样方法

在地形复杂、生境变化较大、可视性和可行走性较差的地区，可使用样方法进行调查。

在调查区域内随机布设样方，样方应涵盖不同生境类型，每种生境类型至少布设 7 个样方，样方间隔 500 m 以上，动物实体调查时，样方面积一般为 500 m × 500 m，动物痕迹调查时样方面积一般不少于 50 m × 50 m。样方调查行进速度为 10～15 m/min，使用双筒望远镜辅助观察，发现动物实体或其痕迹时，记录动物名称、数量、痕迹种类、与中线距离和地理位置等信息。

3. 红外自动数码照相法

红外相机布设后，相机位点记录的信息除经纬度、海拔、坡度、坡向、坡位、植被类型等外，还包括相机高度、路径宽度、装卡时间、取卡时间、装卡人、取卡人、存储时间、存储介质等。自动相机野生动物及栖息地记录信息除上述信息外，还包括相片拍摄时间、动物名称、动物数量等。

4. 访问调查法

访问调查获得的数据无法定量反映物种个体数量，故访问所获数据不参与涉及个体数量的计算，访问调查的主要目的是获取兽类物种的信息，以获取更为全面的物种数据。

2.1.3 鸟类调查

调查分繁殖季和冬季两次进行，繁殖季和冬季调查都应在大多数种类的数量相对稳定的时期内开展，繁殖季一般为每年的4—7月，冬季为11月至翌年2月。调查应在晴朗、风力不大（一般在3级以下）的天气条件下进行。调查时间宜为清晨（日出后3个小时）和傍晚（日落前3个小时）。

1. 样线法

与兽类的调查方法相同。

调查时以1～2 km/h的速度行走样线，使用双筒望远镜进行观察，记录观察到和听到的鸟类的名称、数量、与中线的距离和地理位置等信息。

2. 样点法

雀形目鸟类调查宜使用样点法。对于不宜采用样线法进行调查的区域，如喀斯特地区及湖泊水库等地，也可采用样点法进行调查。

在调查区域内随机设置样点，样点数量应有效地估计大多数鸟类的密度。森林生态系统样点半径为25～50 m，湿地生态系统样点半径在150 m以内，各样点间隔要大于样点半径。到达样点后静息5 min，使用双筒望远镜或单筒望远镜进行观察，记录半径范围内发现的鸟类种类、数量和与样点中心距离等信息。能够判明是飞出又飞回的鸟不进行计数，森林生态系统的样点的计数时间为10 min，湿地生态系统的样点计数时间为10～20 min。

3. 直接计数法

对于集群繁殖或栖息的鸟类调查宜使用直接计数法进行调查。首先通过访问调查、历史资料查询等确定鸟类集群地的位置以及集群时间，并在地图上标出。在鸟类集群时间对所有集群地进行调查，直接计算鸟类数量，并记录集群地的位置、种类及数量等信息。

4. 红外自动数码照相法

主要针对在森林生态系统中活动的雉类和其他地栖鸟类，与兽类的调查方法相同。

2.1.4 爬行类调查

调查季节宜为出蛰后的 1～5 个月，因不同种类活动时间不同，调查时间根据动物种类的习性决定，一般为日出后 2～4 小时和日落前 2～4 小时。

1. 样线法

与兽类的调查方法相同。

调查时以 1～2 km/h 的速度行进，仔细搜寻地面、灌草丛和树上等位置的目标，发现目标，可借助双筒望远镜进行观察辨认，记录目标的种类、数量、与中线的距离和地理位置等信息。

2. 样方法

与兽类的调查方法相同。

2.1.5 两栖类调查

调查季节宜为出蛰后的 1～5 个月，因不同种类活动时间不同，调查时间应分为白昼调查和夜晚调查。调查时仅对成体数量进行统计。

1. 样线法

与兽类的调查方法相同。

调查时以 1～2 km/h 的速度行进，搜寻地面、草丛、水塘洼地边和树上等位置的目标，发现目标时，记录目标的种类、数量、与中线的距离和地理位置等信息。

2. 样方法

在地形复杂、生境变化较大、可视性和可行走性较差的地区，或独立的小面积湿地，不适宜设置样线，可使用样方法进行调查。

与兽类的调查方法相同。

2.1.6 其他调查内容

野外调查时发现某调查对象实体或活动痕迹的，表明该物种在该调查样区有分布。

发现野生动物实体或活动痕迹时，记录动物或活动痕迹所在地的地貌、海拔、坡度、坡位、坡向、植被类型等栖息地因子。

通过野外调查，结合资料查阅、访问调查，记录野生动物及栖息地受到的主要威胁、受干扰状况及程度并进行评估，记录野生动物及栖息地保护现状，记录调查区域社区经济状况。

2.2 鱼类调查

调查方法分为文献调查、社会访问调查和外业调查。

2.2.1 文献调查

根据鱼类调查工具书、已发表的文章或其他重要的资料，了解调查区域记录的鱼类种类组成、地理分布状况、区系构成和演变情况。

2.2.2 社会访问调查

访问相关专业人员、当地社区捕捞人员、当地渔业管理部门人员等人士，并到调查区域的市场、餐馆等进行调研，了解鱼类种类组成、禁渔区、禁渔期、稀有鱼类的分布状况、主要鱼类的产卵场、放流地点、渔获状况及相关水体重大变化情况等。

2.2.3 外业调查

调查时间设定在一年四季每个季节的中月中旬，在鱼类繁殖季节临时增加或延长调查时间。

在文献查阅和社会访问调查的基础上，考察调查区域水体概况，确定出若干个断面和采样点，记录采样点经纬度、水温、海拔等，并对生境进行描述或必要的调查。

以围（拖）网具为主要渔法进行渔获物采集，对不易采集到的种类及时进行录影、拍照。在进行鱼类现场调查之前，在有关主管部门办理好采捕手续。

采集到的标本首先用清水洗干净，加含 10% 福尔马林的水溶液浸泡固定；对个体较大的鱼，在浸泡时要用注射器向鱼体腔内注射适量的上述固定液；待鱼体定型后，另置换 5% 的福尔马林水溶液浸泡保存；对易掉鳞的鱼或小规格鱼，要用纱布包裹起来放入固定液保存，以防鳞片脱落。

2.3 野生植物调查

调查方法有实测法和典型抽样法，其中典型抽样法又包括样方法和样带法。

2.3.1 实测法

1. 适用范围

适用于面积小、种群数量稀少而便于直接计数的调查区。

2. 调查内容

用 GPS 实测调查区中心处的地理坐标，开展生境调查，包括分布地点，保护状况，植物群落的名称、面积、种类组成、郁闭度和盖度，地貌和土壤类型，人为干扰方式和强度等。调查植物分布格局、株数以及幼树幼苗株数，逐株调查高度、胸径（地径）、冠幅、健康状况等相关信息，进行分布面积调绘。

2.3.2 样方法

1. 适用范围

适用于物种数量丰富，呈均匀散生或团状分布，且连片分布面积较大的调查区。

2. 调查内容

在调查区内选取代表性的地段设置样方，样方不能设在群落边缘。其中乔木树种及大灌木样方边长为 20 m，面积为 20 m × 20 m，样方通常设置为正方形，特殊情况下也可设为长方形，但长方形的最短边长不小于 5 m。一般灌木树种及高大草本样方边长为 10 m，面积为 10 m × 10 m。一般草本植物样方边长为 5 m，面积为 5 m × 5 m。藤本植物（或附生、寄生植物）生长在乔木林中的样方边长为 20 m，面积为 20 m × 20 m；生长在灌木丛中的样方边长为 10 m，面积为 10 m × 10 m。

在实际调查过程中，样方面积可根据不同的群落类型或生境状况、调查物种特性做适当调整，在难以设置样方的特殊生境（如喀斯特地区）下可适当减小样方面积，即乔木树种或生长在乔木林中的藤本植物（或附生、寄生植物）的样方可以减少到 10 m × 10 m，但不能再小于此标准。

分布区或调查区面积小于 500 hm^2 的设 5 个样方，大于 500 hm^2 的每增加 100 hm^2 增设 1 个主样方。

样方宜设置为固定样地，埋设固定标桩做标记，用 GPS 实测中心处的地理坐标。开展生境调查，包括分布地点，保护状况，植物群落的名称、面积、种类组成、郁闭度和盖度，地貌和土壤类型，人为干扰方式和强度等。调查植物的分布格局、株数以及幼树幼苗株数；逐株调查高度、胸径（地径）、冠幅、健康状况等相关信息。

2.3.3 样带法

1. 适用范围

本方法适用于物种较丰富，但分布分散或呈条带状分布的调查区，以及喀斯特地区等特殊生境下无法设置样方调查的调查区。

2. 调查内容

选取典型地带布设样带，在同一坡面上，沿分布生境或地形梯度变化的方向布置样带，沿样带行走调查。原则上，样带的长度和沿样带中轴线的每侧宽度按以下要求设置。

乔木树种或生长在乔木林中的藤本植物（或附生、寄生植物）长度不小于 300 m，单侧宽度为 10 m；灌木或生长在灌丛中的藤本植物（或附生、寄生植物）长度不小于 200 m，单侧宽度为 5 m；草本植物长度不小于 100 m，单侧宽度为 2.5 m。

样带宽度和长度可根据生境的不同进行适当调整，宽度以能清晰观察到调查物种为准，长度的设置要保证调查人员一天能完成一条样带调查。

若样带长度按上述要求设计，调查区面积小于 500 hm^2 的设 5 条样带；大于 500 hm^2 的每增加 100 hm^2 增设 1 条样带。

当样带的设置长度超过上述要求时，可相应减少样带数量，以面积抽样比例不超过调查区 15% 控制，但样带总数量不少于 5 条；若因特殊情况导致能够设置的样带长度短于上述要求时（但样带长度不短于 50 m），应适当增加样带的设置数量，以按原要求设置样带的面积抽样比例一致来控制。

用 GPS 实测样带起止处以及中心处的地理坐标，并在样带起止处中心埋设固定标桩，其余生境调查、物种调查与样方法一致。

2.3.4 喀斯特生境样带调查

在喀斯特生境，因地形陡峭等原因而不能按上述方法设置样带进行调查，而又能通过目测或望远镜清楚地观测到物种的情况下，对样带的设置做以下更改。

可沿物种的分布生境、地形或海拔梯度变化的方向布置样带，样带的走向线可根据实际情况设置为非直线。按可视范围确定样带每侧的宽度。调查时可偏离中心线行走，用目测或望远镜观察样带两侧的物种适生生境，以可清晰观测到的物种范围为样带宽度。根据物种分布生境的实际情况确定调查样带的长度，但样带的长度原则上不短于 300 m。样带面积为观测范围的物种适生生境面积。

样带的数量视调查区面积的大小而定，按样带长 300 m 设计，调查区面积小于 500 hm^2 的设 5 条样带；大于 500 hm^2 的每增加 100 hm^2 增设 1 条样带。当样带长超过 300 m 时，可相应减少样带数量，以面积抽样比例不超过 15% 控制，但样带数不少于 5 条。

用 GPS 实测样带起止处以及中心处的地理坐标，并在样带起止处中心埋设固定标桩做标记。生境调查包括分布地点，保护状况，植物群落（生境）的名称、面积、种类组成、郁闭度和盖度，地貌和土壤类型，人为干扰方式和强度等；物种调查时可偏离样带中心线行走，用目测或望远镜观察样带两侧的物种适生生境（以可清晰观测到目的物种为准，但不跨越山体的另一侧，2人以上从不同角度观测，以提高观测精度），统计观测到的物种株数，同时在调查过程中选择几个（不少于3个）可以到达的观测点进行实测；每一条样带调查至少10株物种的高度、胸径（地径）、冠幅、健康状况、地理坐标等相关信息；未设置样带的地段，也调查至少10株（仅10株以下，则全部调查）物种的高度、胸径（地径）、冠幅、健康状况、地理坐标等相关信息。

第 3 章

生物多样性评价

3.1 评价技术

目前在全球范围内，主要从全球尺度、区域和国家尺度两个层面进行生物多样性评价方法研究。目前最具影响力的全球尺度生物多样性评价（估）项目之一是 CBD。在 CBD 框架下，其现阶段的指标体系包括了 7 个方面共 17 个重要指标和 29 个具体指标（Pollard et al，2010）。由世界自然基金会（WWF）、伦敦动物学学会和全球足迹网络共同完成的《地球生命力报告》，是另一个具有全球影响力的生物多样性状况评估系统，它采用“地球生命力指数”衡量了全球 2 500 多个物种、近 8 000 个脊椎动物物种种群的健康状况（杨青等，2013）。其他还包括国际生物多样性计划（Diversitas）、全球生物多样性评估（GBA）、千年生态系统评估（Millennium Ecosystem Assessment，MEA）等。

3.2 评价方法

主要参考《区域生物多样性评价标准》（HJ 623—2011）进行评价。

3.2.1 主要评价指标

1. 野生动物丰富度（R_V）

野生动物数据采集按照《关于发布全国生物物种资源调查相关技术规定

（试行）的公告》（环境保护部公告　2010 年第 27 号）、《关于发布县域生物多样性调查与评估技术规定的公告》（环境保护部公告　2017 年第 84 号）执行，同时结合历年调查数据综合分析后得出。

2. 野生维管束植物丰富度（R_P）

野生维管束植物数据采集方式参照野生动物数据的采集。

3. 物种特有性（E_D）

物种特有性（E_D）可表征物种的特殊价值，按以下公式计算。

$$E_D = \frac{\frac{N_{EV}}{635} + \frac{N_{EP}}{3\,662}}{2}$$

式中，N_{EV}、N_{EP} 分别为评价区域内中国特有的野生动物种数、野生维管束植物种数；635、3 662 分别为一个县域中野生动物种数、野生维管束植物种数的参考最大值。

4. 受威胁物种丰富度（R_T）

受威胁物种丰富度（R_T）表征被评价区域内被纳入《世界自然保护联盟物种红色名录濒危等级和标准》中属极危、濒危、易危物种数状况，按以下公式计算。

$$R_T = \frac{\frac{N_{TV}}{635} + \frac{N_{TP}}{3\,662}}{2}$$

式中，N_{TV}、N_{TP} 分别为评价区域内受威胁的野生动物种数、野生维管束植物种数。

5. 外来物种入侵度（E_I）

外来入侵物种包括外来入侵动物和外来入侵植物。外来物种入侵度（E_I）可表征生态系统受到外来入侵种干扰的程度，按以下公式计算。

$$E_I = \frac{N_I}{\left(N_V + N_P\right)}$$

式中，N_I、N_V、N_P 分别为评价区域内外来入侵物种数、野生动物种数、野生维管束植物种数。

6. 生态系统类型多样性（D_E）

生态系统类型多样性包括评价区域内的自然或半自然生态系统，以群系为生态系统的类型划分单位并进行数据采集。

3.2.2 评价指标的归一化处理

计算公式：

归一化后的评价指标 = 归一化前的评价指标 ×（100/ 归一化前参考最大值）

各评价指标的参考最大值见表 3-1。

表 3-1 各评价指标参考最大值

评价指标	参考最大值
野生维管束植物丰富度	3 662
野生动物丰富度	635
生态系统类型多样性	124
物种特有性	0.307 0
受威胁物种的丰富度	0.157 2
外来物种入侵度	0.144 1

3.2.3 指标权重

各评价指标的权重见表 3-2。

表 3-2 各评价指标的权重

评价指标	权重
野生维管束植物丰富度	0.2
野生动物丰富度	0.2
生态系统类型多样性	0.2
物种特有性	0.2
受威胁物种的丰富度	0.1
外来物种入侵度	0.1

3.2.4 生物多样性指数计算方法

生物多样性指数按以下计算公式计算。

$$BI=R'_V\times 0.2+R'_P\times 0.2+D'_E\times 0.2+E'_D\times 0.2+R'_T\times 0.1+(100-E'_I)\times 0.1$$

式中，BI 为生物多样性指数；R'_V、R'_P、D'_E、E'_D、R'_T、E'_I 分别为归一化后的野生动物丰富度、野生维管束植物丰富度、生态系统类型多样性、物种特有性、受威胁物种丰富度、外来物种入侵度。

3.2.5 生物多样性状况的分级

根据生物多样性指数（BI），生物多样性状况可分为四级，分别为高、中、一般和低，具体分级标准见表 3-3。

表 3-3 生物多样性状况分级标准

生物多样性等级	BI 值区间	生物多样性状况
高	BI≥60	物种高度丰富，特有属、种多，生态系统丰富多样
中	30≤BI<60	物种较丰富，特有属、种较多，生态系统类型较多，局部地区生物多样性高度丰富
一般	20≤BI<30	物种较少，特有属、种不多，局部地区生物多样性较丰富，但生物多样性总体水平一般
低	BI<20	物种贫乏，生态系统类型单一、脆弱，生物多样性极低

参考文献

Pollard D, Almond R, Duncan E, et al. Living planet report 2010 biodiversity, bio-capacity and development [R]. Switzerland: WWF, 2010: 20-32.

杨青，李宏俊，李洪波，等 . 海洋生物多样性评价方法综述 [J]. 海洋环境科学，2013, 32(1): 157-160.

中华人民共和国国家环境保护标准 . 区域生物多样性评价标准 . HJ 623—2011.

第4章

生物多样性保护技术

4.1 相关技术标准支撑体系

我国环境保护标准制定工作始于1973年第一次全国环保工作会议，历经40多年的发展，目前已形成由国家标准、行业标准、地方标准和企业标准共同构成的环保标准体系。在目前的环境保护标准分类中，生态环境标准是其中一个独立的类别，构成环境保护标准体系的一个子体系——生态环境标准体系，涉及生物多样性保护、自然保护区建设与管理、外来物种环境风险管理、转基因生物环境安全、区域生态环境保护、农村生态环境保护等领域，其中生物多样性保护是生态保护标准的核心内容之一。我国现行的生物多样性保护标准主要涉及生物多样性影响评价、就地保护、迁地保护、栖息地恢复等内容。

4.1.1 生物多样性影响评价

生物多样性保护是生态保护的核心内容之一，而环境影响评价（以下简称环评）是生物多样性保护的重要手段，也是从源头保护生物多样性的重要途径。随着环评的不断发展，环评中生物多样性影响评价日益受到重视。目前，在土地利用、旅游开发、森林经营、矿产开采和高速公路建设等的多个行业的项目环评和规划环评中均开展了生物多样性影响评价的相关工作。

我国现行的生物多样性评价相关标准有9个，分别为《近岸海域海洋生物多样性评价技术指南》《自然保护区生物多样性保护价值评估技术规程》

《自然保护区建设项目生物多样性影响评价技术规范》《森林生态系统生物多样性监测与评估规范》《区域生物多样性评价标准》等；地方标准 3 项，包括《建设项目生物多样性影响评价》《环境影响评价技术导则　生物多样性影响》《自然保护区与国家公园生物多样性监测技术规程　第 1 部分：森林生态系统及野生动植物》。

广西壮族自治区是我国生物多样性丰富的省区之一，其多样而独特的生态系统也孕育着种类数量繁多、特有性很高的生物多样性，保护价值极高。国内在环评技术体系中提到生物多样性评估要求，但仍无生物多样性影响的技术导则。广西壮族自治区地方标准《环境影响评价技术导则　生物多样性影响》将生物多样性影响评价纳入环评技术体系，适用于生物多样性保护优先区域内国家重点保护野生动植物物种的建设项目的生物多样性影响评价，填补了广西壮族自治区环评方法和体系中生物多样性影响评价的空白。从“预防”的角度缓解了当前广西壮族自治区面临的“发展—保护”的矛盾，对提高长远决策水平具有重要的指导和实践意义。标准文本内容翻译成了越南语、泰语、柬埔寨语、马来西亚语等东盟小语种，供东盟国家参考，并在中国—东盟环境合作论坛上、中越交流会等国际会议上发放，取得了良好的国际示范作用。

4.1.2　就地保护

就地保护，是指以各种类型的自然保护区包括风景名胜区的方式，对有价值的自然生态系统和野生生物及其栖息地予以保护，以保持生态系统内生物的繁衍与进化，维持系统内的物质能量流动与生态过程。建立自然保护区和各种类型的风景名胜区是实现这种保护目标的重要措施。我国现行的就地保护标准主要是《极小种群野生植物保护技术　第 1 部分：就地保护及生境修复技术规程》。

4.1.3　迁地保护

迁地保护，又叫作易地保护。迁地保护指为了保护生物多样性，把因生存条件不复存在，物种数量极少或难以找到配偶等原因，生存和繁衍受到严重威胁的物种迁出原地，移入动物园、植物园、水族馆和濒危动物繁殖中心，进行特殊的保护和管理，是对就地保护的补充，是生物多样性保护的重要部分。我国现行的迁地保护标准主要是《极小种群野生植物保护技术　第 2 部分：迁地保护技术规程》《大型水电工程开发中珍稀植物迁地保护技术指南》。

4.1.4　栖息地恢复

我国现行的栖息地保护与恢复方面的标准有 13 项，其中大多数是针对某一特定物种的栖息地恢复标准，如《滇池湖滨湿地　水鸟栖息地修复与管护》《扬子鳄栖息地生态修复技术规程》《斑海豹及其栖息地保护管理技术规范》《大熊猫栖息地修复技术规程》《大熊猫栖息地植被恢复技术规程》。在喀斯特地区生态恢复方面，系统的、较为完善的喀斯特地区栖息地恢复关键技术较少。国外喀斯特地区生态恢复相关标准缺乏，更多的文献资料仅限于针对某一物种在某个项目阶段开展研究并进行归纳总结，为其他实践提供一定的借鉴。我国生态恢复技术规范性或标准性文件中，仅有针对已经退化了的区域进行自然恢复的技术规范，用于生态公益林建设、植被的快速恢复的指导和针对我国喀斯特石漠化地区开展植被恢复工作提出的规范性技术标准，但缺乏针对喀斯特地区栖息地中某一特定物种栖息地恢复的系统技术和方法研究。广西壮族自治区地方标准《岩溶地区栖息地恢复技术导则》是针对区域生物多样性保护及广西壮族自治区境内喀斯特地区某特定动物物种栖息地恢复工程建设而研究提出的栖息地恢复技术，能够针对不同受损的栖息地，进行有效的生境恢复，恢复方法更加科学。该导则突破了笼统而单一、缺乏特点和针对性的栖息地恢复技术和方法手段。

4.2　生物多样性保护技术

4.2.1　理论与理念

生物多样性是人类赖以生存的各种生命资源的总汇和未来工农业发展的

基础，对于维持生态平衡、稳定环境具有关键性作用（陈灵芝，1993）。但是，它正以前所未有的速度丧失（马克平，2011）。为此国际社会高度重视生物多样性保护。回首过去的半个多世纪，生物多样性的保护与研究经历了一个从物种保护到生态系统保护，到人与生物共存的可持续发展保护这样的历程。随着理念的发展，物种、生态系统的健康、服务功能、可持续的能力、人们的生计以及可持续发展都纳入了生物多样性保护的范畴。

1. 物种保护

物种保护为生物多样性保护最开始、最基础的一种理念与理论，包括单一物种保护和多物种保护。单一物种的保护考虑的是一些具有重要保护意义、生物学意义、特有性或其他特点的物种；多物种的保护考虑这个区域内生物资源的特有性、物种丰富程度和多样性、脆弱性、不可替代性和濒危的状况，以及这个地区生态的完整性。

物种保护的重点是维持物种自然栖息地的完整性，通常是不考虑人类的。此理念支持的学科包括野生动植物生态学、自然历史学以及理论生态学。这种以物种保护和对应于此的保护区管理为重点的理念延续了整个20世纪60年代，到现在还是保护的主流认知。20世纪七八十年代，随着人类活动对栖息地的破坏、过度利用自然资源以及对物种入侵的认识逐渐增强，保护理念的关注重点转移到了人类对物种和栖息地的威胁，以及如何逆转或减小这种影响。最小可存活种群和自然资源可持续利用的理念，以及关于公众基础的环境保护管理和野生动植物的可持续利用的激烈争论都源于这一时期，并一直延续到了现在。

2. 生态系统保护

到了20世纪90年代后期，人类对生物多样性造成的破坏持续存在，物种灭绝率逐渐上升，生物多样性的保护问题越来越严重。此时，人们逐渐意识到大自然为我们提供的是重要的不可替代的“产品”和“服务”，保护的思想从保护物种向以保护生态系统为重点的综合化管理转移，其目的是在维持生态系统平衡的条件下，从自然界中获取资源。以大自然的效益和生态系统服务为重点的保护理念影响深远。该理念支持用生态系统和经济价值的方法和思维进行保护，支持的学科是生态系统功能学、环境经济学等。

3. **可持续发展保护**

千年生态系统评估后，保护理念有了新的发展，将人类看作生态系统的一部分，人与自然共存，强调可持续发展背后的文化结构，以及人类社会与自然环境之间的弹性互动。景观也被应用到该领域，保护和协调野生动植物及栖息地、农业及其他土地利用类型。这一理念以资源经济学、社会科学以及理论生态学作为理论支持。

在我国，随着生态文明建设纳入国家“五位一体”范围内，人与自然和谐共生成为指导生物多样性保护的重要理念，这一理念不仅有助于可持续发展的实现，而且通过融入政治、文化等内容，更加系统地界定了人与自然的新关系（Fuwen Wei et al.，2020）。

4.2.2 方法与技术研究

1. **大尺度范围**

随着保护理念的发展，应用不同的理论学科，生物多样性保护的方法和技术也在发展。对大尺度空间范围内的生物多样性保护、研究和实施多体现在生物多样性保护优先区、热点地区、自然保护区体系评估、构建和布局等（权佳等，2009）。

在 20 世纪末，世界自然基金发起了基于生态区的生物多样性保护为理论基础的全球生物多样性优先保护的区域，按主要生境类型，划分为 233 个生态区（称为“全球 200”），不仅保护物种多样性这一传统保护生物学长期致力保护的目标，而且综合考虑特殊生态系统和生态过程这一层次的保护行动（Ginsberg，1999），致力于保护那些拥有在全球具有重要意义的生物多样性和生态过程的陆地、淡水和海洋生态系统（赵淑清等，2000）。“全球 200”涉及中国的生态区有 17 个，其中陆地区 11 个，湿地区 3 个，海洋区 3 个。

除了考虑生境类型外，Margules 和 Pressey（2000）还提出了系统保护规划的理念，认为保护规划不仅应考虑自然性质和生物学范式，还应系统考虑自然保护区大小、连通性、边界长度以及建立保护区所需的社会和经济成本

（张路等，2011）。系统保护规划是以数学模拟算法为基础的规划方法，规划过程中需对保护目标、保护成本和边界密度进行量化，通过迭代模拟算法评估现有保护体系的有效性，最终建立新的完善的保护体系（张路等，2011）。系统保护规划的方法已被应用到智利海岸海洋脊椎动物优先保护区的确定（Tognelli et al.，2005）和南非土地利用及保护区域的确定（Balmford，2003；Pierce and Cowling，2005）等研究和实践中。

在我国，2011 年环境保护部发布了中国生物多样性保护战略与行动计划，根据生态系统类型的代表性、特有程度、特殊生态功能，以及物种的丰富程度、珍稀濒危程度、受威胁因素、地区代表性、经济用途、科学研究价值、分布数据的可获得性等因素，在全国划定了 35 个生物多样性保护优先区。李迪强等（2003）运用空缺分析了我国生物多样性的热点地区。其他学者应用定量的方法也进行了大尺度空间范围内生物多样性保护规划研究（吴波等，2006；李晓文等，2007）。在区域研究上东北地区和海南省生物多样性保护的规划、在物种水平上长江流域两栖爬行动物优先保护区域的评价考虑了社会经济状况等因子（栾晓峰等，2009；张路等，2010，2011）。其中，栾晓峰等（2009）利用系统保护规划方法和规划软件 C-plan 确定了东北地区生物多样性热点地区，但该过程中没有考虑保护成本问题。张路等（2011）利用规划工具 Marxan 模型进行迭代运算，提出海南岛生物多样性保护优先区域，以土地面积模拟保护成本来构建约束条件；在 2010 年研究长江流域两栖爬行动物优先保护区域时，则采用相对成本计算方法，以县域人均 GDP 计量保护成本。

确定了生物多样性保护优先区、热点地区或关键区域后，其保护方式主要是就地保护和迁地保护两种，前者是主要措施，后者是补充措施。就地保护方式中以建立自然保护地为主，辅以其他相关保护工程，如生态保护红线公益林保护、防护林、石漠化治理等。需要说明的是其他相关工程的主要目标并不一定专门针对生物多样性保护，而是更侧重生态环境保护，间接起到了生物多样性保护作用。

2. 自然保护区

相对而言，自然保护区定位更为明确，即 IUCN 于 1994 年指出的，为了致力于保护及维持生物多样性、自然及相关文化资产等，它以保护自然生态系统、珍稀濒危物种及生物多样性和自然遗迹等为主要内容。众所周知，建立自然保护区已成为保护生物多样性的有效手段（Bruner et al.，2001；陈雅涵等，2009；Weeks et al.，2010）。目前我国已建自然保护区 2 640 处，面积达 149 万 km^2，占我国国土面积的 14.9%。与此相对照，广西壮族自治区已建的 78 处自然保护区仅占广西国土面积的 6.1% 左右，面积比例远小于国家平均水平，且分布较分散，破碎化比较严重。广西的自然保护区随着人类经济社会活动的持续开展已面临着明显的孤岛效应，导致无法实现不同地域生物的接触（Noss et al.，1996）。而在破碎化的生境单纯地追求大面积的植被恢复也是不切实际的（姜明等，2009）。

近年来，生物多样性保护廊道的作用受到广泛关注（Lindenmayer and Nix，1993；Haddad et al.，2003；Damschen et al.，2006），它增强了斑块的连通和配置效果，有利于生物基因流和个体运动，减小破碎化的影响，不仅是自然保护区体系外就地保护方式的有力补充，而且是保护区内部不同功能分区相连接的有效途径。生物多样性保护廊道具有重要的生物保护价值和战略地位，一般选取较大尺度上的地区进行规划和实施（Sanderson et al.，2003），以减少破碎化的影响，有效地保护物种（Linehan et al.，1995；Hehl-Lange，2001；Damschen et al.，2006）。

进行生物多样性保护廊道设计时，研究角度主要分为基于物种和景观两种。在我国，大多数研究以目标物种为导向，考虑其行为及生态学特征，进行廊道规划设计。亚洲象、云豹、野牛、刺猬等物种均成为不同学者在设计廊道时基于的物种（林柳等，2006；甘宏协和胡华斌，2008；郭纪光等，2009；宋波等，2010）。在国外研究中，某一类动物，如鸟类和哺乳类，会成为廊道设计时考虑的对象（Lees and Peres，2008；Andersson and Bodin，2009），也有学者将物种与景观生境相结合进行廊道规划（Pinto and Keitt，2008）。此外，也有基于景观（Fleury and Brown，1997）、基于生态格局和过程的廊道设计（Rouget et al.，2006）。上述不同的设计方案各有优缺点，使用哪一种思路要考虑研究的尺度、预想达到的目标和实地条件等。

在单一自然保护区进行物种或生物多样性保护时，不仅需要考虑具体物种自身的特征，还应将其栖息环境有机结合起来，进行栖息地保护与恢复。对保护区进行封育是栖息地保护最为直接和有效的方式，但是在破坏较严重或干扰强烈的区域，必要时可进行适当的人为干预来促进栖息地恢复。

栖息地恢复研究主要内容包括退化栖息地的类型及分布、过程及原因，恢复的步骤与技术方法、结构与功能机制等（游群，2006）。恢复的目的是恢复退化栖息地的结构、功能和生境（Hobbs and Norton，1996）。目前栖息地恢复以营造乔、灌、藤本居多，其中乔木多是用材林和经济果木林，对动物恢复考虑较少（游群，2006）。今后栖息地恢复应更注重自然环境的恢复，倡导使用乡土物种、以实现适宜的顶级植被为目的、提高异质性、注重物种之间的生态交互作用等（吴训锋等，2007）。

每一个建立起来的自然保护区都有确定的主要保护对象，其保护成效体现在主要保护对象种群不降低至逐渐发展、壮大以及其栖息生境质量不断提高。为了测度保护成效，监测是一种有效方法，它体现出了某一阶段的保护水平与预期标准一致或相背离的程度（Nichols and Williams，2006）。一般生物多样性监测主要在物种、生态系统和景观水平 3 个水平上开展（Heywood，1995）。对于某一个保护区，其监测工作在物种和生态系统水平上都可以开展，而且应该成为日常保护工作的一项重要内容，即选择珍稀濒危物种或指示物种，监测其种群动态和影响因素；设置长期固定监测样地，监测生态系统组成、结构、功能以及关键物种等。在具备一定数据积累、能力提升和时间年限后，保护区也能够开展景观水平上的监测，即该区域景观格局变化及其影响因素。

除了监测主要保护对象的生态生物学特征外，还需对保护区内及周边的人类活动进行定期监测与评估。就目前我国的国情而言，自然保护区内及周边都存在人为活动，各种社会经济活动都会对主要保护对象产生正面或负面的影响。尤其对负面影响，即威胁因子，需要进行定期监测与评估，并在威胁因子分布的基础上进行保护区管理分区规划和管理。管理分区以威胁的存在和分布为导向，随着威胁因子的动态变化而作出相应调整，用有限的投入资源缓解或消除保护对象面临的主要威胁，以有效达到保护目标（王双玲，2008）。管理分区更为具体，针对性和可操作性强，并可以量化指标体现和测度，有益于生物多样性保护和自然保护区有效管理，符合当今日益注重自然保护区质量建设的形势需要（罗杨，2007）。

3. 迁地保护与野外放归

除了就地保护外，开展迁地保护措施也成为生物多样性保护的一种重要辅助方式，尤其对于那些受到威胁的珍稀动植物物种（Wyse and Surtherland，2000）。然而在目前迁地保护物种中出现的遗传多样性降低、种群构建困难以及适应原生境能力低等问题急需解决（崔玮和李玉兰，2005；许再富等，2008）。通过迁地保护，一些物种也开展了重新放归野外的研究和工程，如普氏野马、麋鹿等。目前广西壮族自治区在此方面的研究多集中在野生植物极小种群方面，这对极小种群的野外保护形成了互补的有益探索和实践，在动物方面，集中在黑叶猴、黑颈长尾雉、鳄蜥等物种。

4. 新技术的应用

近年来，生物多样性保护的研究和调查监测也注重天空地等新技术的应用以及信息化建设。遥感技术为传统生物多样性研究和保护带来了新的机遇，它可以提供大尺度、长时间序列、多类型的观测数据，包括近地面遥感数据、航空遥感数据和卫星遥感数据等，覆盖了样地—景观—区域—洲际—全球尺度，结合多元化的传感器能够获取生物多样性研究和保护所需的物种数量和性状、群落组成以及生态系统功能和结构等重要信息（郭庆华等，2018）。其中近地面遥感的重要载体无人机技术以其能够快速获取空间信息、覆盖面积大、应用周期短、影像清晰度高（精度可达到厘米级）、便于解析、受自然环境约束小、成本低、操作容易、运行和维护成本低等特点（郭庆华等，2016；刘倩等，2016），近 10 多年在植被生态调查、资源环境监测、动物调查与监测、生物多样性保护等科研领域的应用日渐兴起（张园等，2011；Getzin et al.，2012；Koh and Wich，2012；Tattoni et al.，2012；Anderson and Gaston，

2013；Davies and Asner，2014；Gini et al.，2014；Kaneko and Nohara，2014；Wan，2014；冯家莉等，2015；Christie et al.，2016；Gonzalez et al.，2016；杨龙等，2016；李晓敏等，2017；刘方正等，2018）。

天空地技术的应用也为生物多样性保护带来了海量的多源数据，机器学习、神经网络训练模型、计算机分析模型等的应用大幅提升了数据的有效处理、分析和应用。如用于处理红外相机或无人机数据影像的自动分类技术正在出现（Norouzzadeh et al.，2018；李晟，2020；肖文宏等，2020），包括基于级联方法（Cascade approaches）的轻型自动目标识别技术（Light-weight automatic object detection techniques）（van Gemert et al.，2015）、热成像与k最近邻聚类分析（Thermal images and k-nearest-neighbour classifier）（Christiansen et al.，2014）、人类标记标签与自动识别（Human labeling and automatic recognition）技术（Chen et al.，2014）、基于图像的模板匹配二进制掩码技术（Template matching binary mask）（Gonzalez et al.，2016）等。卷积神经网络在图像识别中最为常用，且在不断地优化提高性能（张雪莹等，2022）。用于处理野生动物声音信息的方法主要是通过 audacity 或 adobe audition 等软件获得频谱图，然后将图片识别算法应用到声音的识别中（边琦等，2021；Ruff et al.，2021）。

海量多源的数据经过分析处理，通过信息平台建设，形成数据服务共享成为未来的发展趋势（肖文宏等，2020)。该平台可高质量优化集成生物多样性保护新技术，同时整合物联网、智能技术、云计算与大数据等，以全面感知、实时传送和智能在线处理为运行方式，实现数据综合管理、数据综合展示和用户智能化管理 (Steenweg et al., 2017)，为不同群体提供科技支撑。

参考文献

Anderson K, Gaston K J. Lightweight unmanned aerial vehicles will revolutionize spatial ecology[J]. Frontiers in Ecology and the Environment, 2013, 11: 138–146.

Andersson E, Bodin O. Practical tool for landscape planning? An empirical investigation of network based models of habitat fragmentation[J]. Ecography, 2009, 32: 123-132.

Balmford A. Conservation planning in the real world: South Africa shows the way[J]. Trends in Ecology and Evolution, 2003, 18: 435-438.

Bruner A G, Gullison R E, Rice RE, et al. Effectiveness of parks in protecting tropical biodiversity[J]. Science, 2001, 291: 125-128.

Chen Y, Shioi H, Montesinos CF, et al. Active detection via adaptive submodularity. In: Proceedings of the 31st International Conference on Machine Learning[M]. 2014: 55-63.

Christiansen P, Steen K A, Jørgensen R N, et al. Automated detection and recognition of wildlife using thermal cameras[J]. Sensors, 2014, 14: 13778–13793.

Christie K S, Gilbert S L, Brown C L, et al. Unmanned aircraft systems in wildlife research: Current and future applications of a transformative technology[J]. Frontiers in Ecology and the Environment, 2016, 14: 241–251.

Damschen E I, Haddad N M, Orrock J L, et al. Corridors increase plant species richness at large scales[J]. Science, 2006, 313: 1284-1286.

Davies A B, Asner G P. Advances in animal ecology from 3D-LiDAR ecosystem mapping[J]. Trends in Ecology & Evolution, 2014, 29: 681–691.

Fleury A M, Brown R D. A framework for the design of wildlife conservation corridors with specific application to southwestern Ontario[J]. Landscape and Urban Planning, 1997, 37: 163-186.

Fuwen Wei,Shuhong Cui,Ning Liu, et al. Ecological civilization: China's effort to build a shared future for all life on Earth[J]. National Science Review, 2021, 8(7): 8-12.

Getzin S, Wiegand K, Schöning I. Assessing biodiversity in forests using very high-resolution images and unmanned aerial vehicles[J]. Methods in Ecology and Evolution, 2012, 3: 397–404.

Gini R, Passoni D, Pinto L, et al. Use of unmanned aerial systems for multispectral survey and tree classification: a test in a park area of northern Italy[J]. European Journal of Remote Sensing, 2014, 47: 251–269.

Gonzalez L F, Montes G A, Puig E, et al. Unmanned aerial vehicles (UAVs) and artificial intelligence revolutionizing wildlife monitoring and conservation[J]. Sensors, 2016, 16: 97–115.

Haddad N M, Bowne D R, Cunningham A, et al. Corridor use by diverse taxa[J]. Ecology, 2003, 84: 609-615.

Hehl-Lange S. Structural and elements of the visual landscape and their ecological functions[J]. Landscape and Urban Planning, 2001, 54: 107-115.

Heywood V H. Global biodiversity assessment[M]. Cambridge, Cambridge University, 1995.

Hobbs R J, D A Norton. Towards a conceptual framework for restoration ecology[J]. Restoration Ecology, 1996(4): 93-110.

Joshua, Ginsberg. Global conservation priorities[J]. Conservation Biology, 1999, 13(1):5.

Kaneko K, Nohara S. Review of effective vegetation mapping using the UAV (Unmanned Aerial Vehicle) method[J]. Journal of Geographic Information System, 2014, 6: 733–742.

Koh L P, Wich S A. Dawn of drone ecology: low-cost autonomous aerial vehicles for conservation[J]. Conservation Letters, 2012, 5: 121–132.

Lees A C, Peres C A. Conservation value of remnant riparian forest corridors of varying quality for Amazonian birds and mammals[J]. Conservation Biology, 2008, 22: 439-449.

Lindenmayer D B, Nix H A. Ecological principles for the design of wildlife corridors[J]. Conservation Biology, 1993, 7: 627-630.

Linehan J, Gross M, Finn J. Greenway planning: developing a landscape ecological network approach[J]. Landscape and Urban Planning, 1995, 33: 179-193.

Margules C R, Pressey R L. Systematic conservation planning[J]. Nature, 2000, 405: 243-253.

Nichols J D, Williams B K. Monitoring for conservation[J]. Trends in Ecology and Evolution, 2006, 21: 668-673.

Norouzzadeh M S, Nguyen A, Kosmala M, et al. Automatically identifying, counting, and describing wild animals in camera-trap images with deep learning[J]. Proceedings of the National Academy of Sciences, USA, 2018, 115: 5716–5725.

Noss R, Quigley H, Hornocker M C, et al. Conservation biology and carnivore conservation in the Rocky Mountains[J]. Biology Conservation, 1996, 10: 949–963.

Pierce S M, Cowling R M. Systematic conservation planning products for land-use planning: interpretation for implementation[J]. Biological Conservation, 2005, 125: 441-458.

Pinto N, Keitt T H. Beyond the least-cost path: evaluating corridor redundancy using a graph-theoretic approach[J]. Landscape Ecology, 2009, 24(2): 253-266.

Rouget M, Cowling R M, Lombard AT, et al. Designing large-scale conservation corridor for pattern and process[J]. Conservation Biology, 2006, 20: 549-561.

Ruff Z J, Lesmeister D B, Appel C L, et al. Workflow and convolutional neural network for automated identification of animal sounds[J]. Ecological Indicators, 2021, 124: 107419.

Sanderson J, Alger K, GAB da Fonseca, et al. Biodiversity conservation corridors: planning, implementing, and monitoring sustainable landscapes[R]. 2003, Washington DC: Conservation International.

Steenweg R, Hebblewhite M, Kays R, et al. Scaling-up camera traps: monitoring the planet's biodiversity with networks of remote sensors[J]. Frontiers in Ecology and the Environment, 2017, 15: 26–34.

Tattoni C, Rizzolli F, Pedrini P. Can LiDAR data improve bird habitat suitability models?[J]. Ecological Modelling, 2012, 245: 103–110.

Tognelli M F, Garcia C S, Labra F A, et al. Priority areas for the conservation of coastal marine vertebrates in Chile[J]. Biological Conservation, 2005, 126: 420-428.

van Gemert J C, Verschoor C R, Mettes P, et al. Nature conservation drones for automatic localization and counting of animals, 2015. In: Agapito L, Bronstein M, Rother C. (eds) Computer Vision-ECCV 2014 Workshops[M]. ECCV 2014. Lecture Notes in Computer Science, vol 8925. Springer, Cham.

Wan H, Wang Q, Jiang D, et al. Monitoring the invasion of *Spartina alterniflora* using very high resolution unmanned aerial vehicle imagery in Beihai, Guangxi (China) [J]. The Scientific World Journal, 2014(2014-5-3), 1–7.

Weeks R, Russ G R, Alcala A C,et al. Effectiveness of marine protected areas in the Philippines for biodiversity conservation[J]. Conservation Biology, 2010, 24: 531-540.

Wyse Jackson P S, Surtherland L A. International agenda for botanical garden conservation[M]. BGCI, UK, 2000.

边琦，王成，郝泽周．生物声音监测研究在生物多样性领域的应用 [J]. 应用生态学报，2012，32(3): 1119-1128.

陈灵芝．中国的生物多样性：现状及其保护对策 [M]. 北京：科学出版社，1993.

陈雅涵，唐志尧，方精云．中国自然保护区分布现状及合理布局的探讨 [J]. 生物多样性，2009，17: 664-674.

崔玮，李玉兰．我国野生动物迁地保护的问题与对策初探 [J]. 河西学院学报，2005，21: 42-44.

冯家莉，刘凯，朱远辉，等．无人机遥感在红树林资源调查中的应用 [J]. 热带地理，2015，35: 35–42.

甘宏协，胡华斌．基于野牛生境选择的生物多样性保护廊道设计：来自西双版纳的案例 [J]. 生态学杂志，2008，27: 2153-2158.

郭纪光，蔡永立，罗坤，等．基于目标种保护的生态廊道构建——以崇明岛为例 [J]. 生态学杂志，2009，28: 1668-1672.

郭庆华，胡天宇，姜媛茜，等．遥感在生物多样性研究中的应用进展 [J]. 生物多样性，2018，26 (8): 789–806.

郭庆华，刘瑾，李玉美，等．生物多样性近地面遥感监测 : 应用现状与前景展望 [J]. 生物多样性，2016，24 (11): 1249–1266.

环境保护部．中国生物多样性保护战略与行动计划 [M]. 北京 : 中国环境科学出版社，2011.

姜明，武海涛，吕宪国，等．湿地生态廊道设计的理论、模式及实践——以三江平原浓江河湿地生态廊道为例 [J]，湿地科学，2009，7: 99-105.

李迪强，宋延龄，欧阳志云．中国林业系统自然保护区系统规划 [M]. 北京：中国大地出版社，2003.

李晟．中国野生动物红外相机监测网络建设进展与展望 [J]. 生物多样性，2020，28(9): 1045–1048.

李晓敏，张杰，马毅，等．基于无人机高光谱的外来入侵种互花米草遥感监测方法研究——以黄河三角洲为研究区 [J]. 海洋科学，2017，41: 98–107.

李晓文，郑钰，赵振坤，等．长江中游生态区湿地保护空缺分析及其保护网络构建 [J]. 生态学报，2007，27: 4979-4989.

林柳，冯利民，赵建伟，等．在西双版纳国家级自然保护区用 3S 技术规划亚洲象走廊带初探 [J]. 北京师范大学学报（自然科学版），2006，42: 405-409.

刘方正，杜金鸿，周越，等．无人机和地面相结合的自然保护地生物多样性监测技术与实践 [J]. 生物多样性，2018，26(8): 905–917.

刘倩，梁志海，范慧芳．浅谈无人机遥感的发展及其行业应用 [J]. 测绘与空间地理信息，2016，39(6): 167–169.

栾晓峰，黄维妮，王秀磊，等．基于系统保护规划方法东北生物多样性热点地区和保护空缺分析 [J]. 生态学报，2009，29: 144-150.

罗杨．贵州麻阳河国家级自然保护区管理有效性研究 [D]. 哈尔滨：东北林业大学，2007.

马克平．未来十年的生物多样性保护目标 [J]. 生物多样性，2011，19: 1-2.

权佳，欧阳志云，徐卫华，等．中国自然保护区管理有效性的现状评价与对策 [J]. 应用生态学报，2009，20(7): 1739-1746.

宋波，倪婷玉，王瑾．基于迁移意愿的动物迁移廊道修正——以德化县云豹为例 [J]. 生态学报，2010，30: 4571-4777.

王双玲．贵州麻阳河自然保护区黑叶猴家域和生境特征研究 [D]. 北京：北京林业大学，2008.

吴波，朱春全，李迪强，等．长江上游森林生态区生物多样性保护优先区确定——基于生态区保护方法 [J]. 生物多样性，2006，14: 87-97.

吴训锋，孙维，任万竹．如何种树——恢复热带林的原则与实践 [M]. 昆明：云南科技出版社，2007.

肖文宏，周青松，朱朝东，等．野生动物监测技术和方法应用进展与展望 [J]. 植物生态学报，2020，44: 409–417.

许再富，黄加元，胡华斌，等．我国近 30 年来植物迁地保护及其研究的综述 [J]. 广西植物，2008，28: 764-774.

杨龙，孙中宇，唐光良，等．基于微型无人机遥感的亚热带林冠物种识别 [J]. 热带地理，2016，36: 833–839.

游群．石漠化恢复生态学研究进展 [J]. 湖南林业科技，2006，33: 28-36.

张路，欧阳志云，肖燚，等．海南岛生物多样性保护优先区评价与系统保护规划 [J]. 应用生态学报，2011，22: 2105-2112.

张路，欧阳志云，徐卫华，等．基于系统保护规划理念的长江流域两栖爬行动物多样性保护优先区评价 [J]. 长江流域资源与环境，2010，19:1020-1028.

张雪莹，张浩林，韩莹莹，等 . 基于深度学习的野生动物监测与识别研究进展 [J]. 野生动物学报，2022，43(1): 251-258.

张园，陶萍，梁世祥，等 . 无人机遥感在森林资源调查中的应用 [J]. 西南林学院学报，2011，31(3): 49–53.

赵淑清，方精云，雷光春 . 全球 200：确定大尺度生物多样性优先保护的一种方法 [J]. 生物多样性，2000，8 (4): 435-440.

第5章

栖息地恢复技术*

5.1 自然恢复

对具有天然下种或萌蘖能力的森林，通过封禁的措施促其自然恢复，保护并促进幼苗幼树、树木的自然生长发育，从而恢复形成森林或灌木林，或提高森林质量。

对于分布于中越边境的东黑冠长臂猿栖息地来说，在自然恢复的同时还要做好减缓威胁与就地建设简易物理障碍的工作。因为东黑冠长臂猿分布区域的林地权属为集体，社区在此放牧、取拾薪柴、烧炭等。为了减缓社区活动对栖息地的破坏，可以考虑能源替换、集中种植炭薪林等。与社区做好沟通与合作后，可以设置栅栏等阻隔牲畜进入。

5.2 人工促进天然更新

对具有天然下种或萌蘖能力的森林，通过人工辅助育林措施促其恢复，形成森林或灌木林，或提高森林质量。人工促进天然更新技术的应用主要在于促进而非取代自然演替过程，通过清除或者减少天然林更新遇到的障碍（如杂草的竞争）以及经常性的干扰（如火烧、放牧、砍伐薪柴），促进本土树种的定植和生长（FORRU，2006）。

---

* 该章内容基于与 Michael Dine 合作，共同编写完成。

人工促进天然更新应该在春天（3—5 月）和雨季基本结束后的秋天（9—10 月）进行，亦要考虑选择植物的生长期。

人工促进天然更新需要长期的维护，即使林冠已经闭合，也要继续。在主要的生长季节，如 3—10 月，每 4～6 周都需要组织人员进行维护和管理。在晚秋和冬季，植物生长延缓甚至停止，因此不需要维护。初始阶段应该注意防止杂草和藤本植物对更新苗和植株的影响，并且监测哪些幼苗受到初期处理措施的影响。

5.2.1 辅助幼苗生长

对优先物种的自然生长的幼苗进行定位和标记，同时辅助以“环状除草”促进幼苗生长，如移除植株周围的杂草和不受欢迎的植物以减少其对水、光、营养和空间的竞争。环状除草是在栖息地恢复活动中最主要的除草技术，主要用于为自然幼苗和移植野生幼苗除草。该技术主要在定植幼苗 50 cm 直径范围内清除竞争植物，然后使用覆盖物进行覆盖从而限制杂草的再次生长以及减少土壤表面的水分流失。

5.2.2 清除入侵植物或者杂草

1. 除草法

除草是指有选择性地移除杂草、灌木和藤本的技术，被用于减少其他植物对水、光、营养和空间的竞争，从而促进天然更新植物的生长。

除草方式包括手动清除、机械清除及化学除草剂清除。除草的频率取决于杂草生长速度和天然更新速率。除草一般需要耗费大量劳动力，相对昂贵，通常作为第一阶段的抚育措施。第二阶段和后续抚育过程中虽然也用，但没有第一阶段那么耗费金钱和人力。除草通常被认为是一种关键的长期措施。

2. 压草法

压草是指利用压制和逐渐清除入侵杂草的方法，促进植物和来源于种子库的幼树的快速生长。压草的操作比较简单，只需用一块木板或竹板将杂草压平。通过几次操作，压倒的杂草会逐渐降解，还可以增加土壤的养分

（Sajise，1972）。压倒的杂草同时可以作为防火措施。压草后，杂草的燃烧高度从 1.5 m 降低到 10～30 cm，可减缓草的燃烧速度。

3. 覆膜法

与压草法相似，覆膜法是使用有机材料（如周围的杂草）覆盖地表，从而抑制杂草和其他植物生长的方法。覆盖主要是通过在杂草和阳光之间设置屏障，保持土壤水分并避免土壤温度异常。很多物质都可以作为覆盖物，包括压制的草垛、岩石、黑色塑料袋、旧硬纸板、有机材料（草席、粉碎的植物材料）等。除了岩石外，其他的覆盖物通常都较昂贵，会明显增加人工促进天然更新的成本。同时它还要求无法生物降解的材料不再能够起作用时，要及时去除，如塑料袋等。幸运的是在喀斯特地区，由于风化作用，有很多大小合适的石块可供使用。应当注意的是，当用覆膜法进行环形除草时，覆盖物不应碰触到幼树的茎干，因此要在茎干周围保留 5 cm 的空隙（Granert and Sopot，2010）

4. 防水帆布法

杂草抑制防水帆布法是覆膜法的改良，用来处理入侵草本植物。每个草丛能高达 3 m，自基部生长出许多茎干，皆被砍断到基部。砍掉的部分堆叠于基部茎干之上，再用一张深色（黑色或深蓝色）防水帆布覆盖其上。这旨在抑制杂草砍伐后再生（使根部缺乏营养）并使堆叠草垛在帆布下的高湿度环境中快速分解。

5. 遮阴法

当宽阔的树冠层形成时，会在杂草上方形成郁闭的树冠层，投射阴影。遮阴法可以通过改变光照条件和降低土壤温度逐渐减缓喜阳草本植物和杂草的生长，而促进喜阴植物在下一演替阶段的生长。遮阴法通常是各种技术综合作用的重要副产物，包括除草法、覆膜法、压草法、修枝法以及生态演替管理技术。

5.2.3 萌芽林的保护和管理

树木被砍伐或修剪后，根茎的一些休眠芽会自发萌发并长出多个新芽。

矮林作业是萌芽林管理的一个传统方法，利用一些植物天然更新的能力，有选择性地砍伐一些树木、留萌以促进新的生长。某些树种可以在被砍伐后几年内从树桩或者根部重新生长出萌生苗（Hardwick et al.，2000），顶级树种和先锋树种都能够如此再生（De Rouw，1993）。

与幼苗相比，伐桩萌生苗面对火和植食具有更强的恢复力。依靠积累在树桩根部的营养，伐桩萌生苗可以迅速地生长并超过周围的杂草。因此，这种方法可以更加快速地恢复木本植物。为了保护树桩和有效管理，应该阻止进一步的砍伐，去除娇弱的枝条，仅保留 2 枝萌芽，促进其快速生长形成林冠和加速种子产生。反之，就会破坏这些萌生苗并延迟森林恢复。

5.2.4 林冠管理

疏林冠的技术一般包括：修剪枝条开林窗，从而允许更多阳光穿透至林下植被；选择性移除或梳理长势较弱的不良树种。

此外，另一种林冠管理的方法是通过多种修剪技术增加树冠的分枝和宽幅，加速林冠闭合，提高郁闭度。为了最大限度地提高效果、促进生态演替和林冠闭合，应仔细选择能够快速生长并且对此技术快速响应的物种，如水冬哥、木姜子属和刺果血桐。

5.2.5 蔓藤处理

藤本植物的处理方法是将其从地表基部砍断。这种处理方法需多年多次重复进行，直到树冠层足够郁闭，从而能够将林下藤本植物的生长水平调节在一个较平衡的水平。

东黑冠长臂猿所在栖息地，至少 4 种藤本植物（毛脉崖爬藤、栝楼、小果微花藤和构棘）是其重要食物。因此对藤本植物的砍伐应该以斑块模式进行，留一些区域不砍，其他区域进行处理从而使树冠层的发育不受干扰。

5.2.6 动物散布种子

森林生态学研究表明，脊椎动物种子散布在天然更新动态和森林演替中起着非常重要的作用（Corlette and Hau，2000）。在全球不同区域（澳大利亚、泰国、美国佛罗里达州、波多黎各、秘鲁）开展的栖息地恢复活动都证明了在大范围内脊椎动物（鸟类、大型哺乳动物）促进森林演替比通过人工种植幼苗进行森林更新要省钱得多。

提供食物和筑巢区的树种可以在较长时期内吸引散布种子的动物。这些动物能够存储种子，这些种子成为森林恢复过程中最初的组成树种。因此，这些种植的树种可以成为吸引种子散布动物的诱饵（FORRU，2006）。在森林和种植地点之间的以动物为媒介的种子散布通常依赖少数常见的食果动物。这些动物包括中小体型鸟类，尤其是鹎类，中等体型的哺乳动物，如灵猫和松鼠（Corlette and Hau，2000）。由于东黑冠长臂猿的主要食物是果实，其在散布食源植物的种子方面具有积极的选择作用。

在泰国，FORRU 成功地将一项人工促进天然更新技术运用在促进鸟类散布种子上，该技术就是在被破坏的森林斑块中使用人造栖木。在鸟类栖木下方区域，无论是种子散布还是种子萌发都明显增加（FORRU，2006）。在越南重庆县多个栖息地恢复的野外试点，鸟类栖木（立于地上 2 m）一般有两个 1.2 m 长的水平栖台，被放置在树木之间，以辅助种子传播、促进林冠发育。

5.3 人工造林

人工造林指的是在无林地、疏林地、灌木林地、迹地和林冠下通过人工方式营建森林的过程。

当以下一种或多种条件导致天然更新不足时，便需要实施人工种植：天然种子库不足；母树不足，无法提供天然种苗；种子传播者不足以传播或引入种子；土壤中储存的天然种子在多样性或者数量上不足（通常出现不开裂的种子，如在喀斯特森林中发现的核果和浆果）。

为了提高存活率，人工种植宜选择降雨丰富的季节，尤其是 5 月下旬、6 月和 7 月。为了种植足够多样的物种的幼苗，应提前一年收集种子。种子的采集多集中在 6—11 月。

5.3.1 种植类型

1. 行植法

行植法主要在进行幼树种植或野生种苗移植的地点实施，该地点不具备天然更新的条件。行植法要求从母树收集种子、成功繁育幼树，然后按照预先确定的距离和密度进行种植。其中一种有效的行植法包括种植多种顶级群落物种或者先锋物种，从而加速林冠发育，扩大物种的多样性。

2. 就地森林补植

补植是一种就地森林种植的方法，用于：①增加所选择的现存树种的种群密度；②提高退化森林区域物种丰富度。

如在东黑冠长臂猿栖息地恢复活动中，补植会种植核心树种，提供下列四方面的关键功能：①长臂猿的食物。如果该森林区域为长臂猿家域的一部分，就需要提高食源植物的多样性，满足长臂猿在全年不同季节的食物需求，尤其是冬季。②长臂猿活动利用的树种。长臂猿喜欢在大树的树冠中间层用手臂吊荡树枝前进，这些树木需要足够大，以承受长臂猿身体的重量并能够供其快速移动，尤其是在其躲避捕食者时；在目前的栖息地退化区域，这种树很少见，多被砍伐用作薪炭生产、薪柴或者木材。③改善森林结构。选择快速生长的树种，它们喜阳，能够快速形成宽阔的树冠以确保快速林冠郁闭并形成树冠下的微生境，促进许多喜阴植物生长，喀斯特地区很多植物需要较高的郁闭度，通过利用这些快速生长的树种能够协助该过程的完成。④为种子传播者提供食物和栖息地。选择性种植树种可以吸引鸟类、松鼠等能够散布种子的动物，使得土壤肥沃区域的树种的果实和种子能够被种子传播者散布到其他地区，从而实现天然更新。

5.3.2 苗圃种子繁殖技术

种子繁育的花费很高，种植技术要求较高，需要详尽掌握植物物候学知识以及投入大量的时间和劳动力。种子繁育需要对工人进行采种、存储、萌发以及幼苗生长等方面的技术培训与指导。这样种子繁育才可能生产出大量健康的幼苗，供森林恢复的补植。使用本地种源的种子繁育。为了使栖息地恢复地点的幼苗更加强壮，建议在就近的每一个种植地点设立苗圃。

5.3.3 种子采集

系统采集目标植物的种子。因为不同的植物的花期和果期不同，所以需要详尽地了解目标树种的花期和果期的物候，确保在种子完全成熟但还未被动物传播或取食之前进行采集。种子采集的仔细甄选能够确保种子来自与移植点环境类似、距离较近的健康植株。使用本地种源的种子非常重要，因为本土植物更容易适应当地的环境。种子采集要注意遗传变异，维持高遗传变异是开展以生物多样性保护为目的的植物种植项目必须重点考虑的。采集尽可能多的母树的种子或幼苗（20～50 株母树为宜），选择来源于不同母树的幼苗进行移植。

5.3.4 种子储存

根据种子或果实的生理存储潜力，如水分含量的高低和存储耐受性程度（如种子可被存储并保持活力的时间），可以采用不同的存储技术。喀斯特森林中的许多树木的种子通常很难存储，需要快速播种。如需储存，需要开展研究确定恰当的存储方法，了解不同种子维持活力的最长存储时间。

5.3.5 野生苗的使用

由于森林树种可以天然更新大量的野生苗，而绝大多数幼苗在自然条件下会死亡，因此，在不破坏森林生态系统的前提下，可采集一些野生苗移植到相同地区的其他地点。与人工繁育幼苗相比，移植野生苗用于天然更新省时、省力且花费也少，并且野生苗通常携带共生真菌，当移植在同一地区时，它们的适应性会更强（FORRU，2008）。

将野生苗从阴凉的森林中移植到开阔的退化森林地点，通常会对野生苗造成一定的伤害甚至导致其死亡。所以，野生苗从森林中采集后，需要存放在苗圃中进行管护，并且在移出前进行抗性锻炼，尤其要注重野生苗的根部管护。

5.3.6 直播技术

直播技术是指在退化森林中采用直接播种而不是移栽苗圃培育幼苗的方法进行种植的技术（FORRU，2008）。类似于移植天然更新幼苗，直播通常省时且花费较少。影响直播技术成功与否的因素较多，包括种子结构、休眠、正确的播种预处理等，以及取食种子的动物、土壤条件和植被条件（FORRU，2008）。因此在直播前需要开展试验，评估对某一树种进行直播是否比种植苗圃幼苗或幼株更有优势及其成本效率。直播方面已经积累了一些经验，越南重庆县通过直播茶条木用于薪柴。直播失败的原因通常包括小型哺乳动物取食和幼苗发生虫害等。为了增加存活率和萌发率，直播也需要根据当地的条件采取覆膜，使用吸水性聚合物（如结晶水）、种子保护剂和施肥等措施。

5.3.7 施肥

在喀斯特地区，施用限量的化肥能够促进幼苗快速生长，使得幼苗的高度快速超过杂草，通过遮盖抑制杂草生长，从而减少除草的费用。如果需要施肥，应该在除草后直接使用。

参考文献

Corlette RT , Hau B C H. Seed dispersal and forest restoration. In book: Forest Restoration for Wildlife Conservation[M]. Chiang Mai: International Tropical Timber Organization and the Forest Restoration Research Unit, Chiang Mai University, 2000.pp.317-325.

De Rouw R T. Regeneration by sprouting in slash and burn rice cultivation, Tai trin forest, Coted'Ivoire[J]. Journal of Tropical Ecology, 1993, 9: 387-408.

FORRU (Forest Restoration Research Unit). Research for restoring tropical forest ecosystem: a practical guide[M]. Chiang Mai: FORRU-CMU 2008. Biology Department, Science Faculty, Chiang Mai University, Thailand.

Granert W G, Sopot D D. Planting a dipterocarp in the field – steps on success[R]. Soil and water conservation foundation, Inc, 2010, Cebu City, Cebu, the Philippines.

Harwick K, Healey J R, Elliot S, et al. Research needs for restoring seasonal tropical forests in Thailand: accelerated natural regeneration[J]. Forest Ecology and Management, 2004, 27: 285-302.

Sajise P E. Evaluation of cogon [*Imperata cylindrical* (L.) Beauv.] as a seral stage in Philippine vegetation succession[D]. 1972. Cornell University, Ithaca, New York.

Shono K, Cadaweng E A, Durst P. Application of assisted natural regeneration to restore degraded tropical forestland[J]. Restoration Ecology, 2007, 15(4): 620-626.

第6章

生物多样性的适应气候变化途径

6.1 气候变化对生物多样性的影响

生物多样性保护和气候变化应对是目前两大全球性热点环境问题。生物多样性保护的压力在气候变化的胁迫下不断加剧，作为生物多样性的主要类型，植物多样性对气候变化的响应方式表现为物种灭绝、适应性进化和改变分布格局。气候变化直接或间接地改变植物－环境适应关系以及植物－植物的竞争关系（何远政等，2021）。气候变化给生物多样性和生态系统服务带来多方面的严重威胁，如增加物种灭绝风险和减少当地物种，从赤道到两极，生物多样性逐渐下降，目前人们普遍接受气候主导多样性的观点。但气候变化对不同层次生物多样性（基因、物种、生态系统）影响研究程度不同，误差还较大（吴建国，2008）。生物多样性最近被划为全球变化领域是由于生物多样性已不是孤立的局部的现象，而是和全球变化的其他内容密不可分的。一方面，全球气候等的变化会影响到全球生物多样性的变化；另一方面，生物多样性的变化也必定会影响到陆地和海洋生态系统的功能，从而影响全球气候变化、养分循环和地球化学循环（吴榜华等，1997）。越来越多的国家采用跨学科与跨部门手段来加强生物多样性适应气候变化的监测和评估。

6.1.1 对遗传多样性的影响

物种在漫长的进化过程中，基因与气候形成了稳定的关系。气候变化必然使遗传物质发生改变，进而引起遗传多样性变化包括对繁殖过程、单倍体（如芽变）和多倍体的形成等。气候变化对不同物种（植物、动物和微生物）基因多样性的影响趋势和机制尚不清楚（吴建国，2008）。

6.1.2 对物种多样性的影响

气候变化对物种多样性的影响有多方面：①气候变化对动植物物候存在较大的影响（Bradley N L et al.，1996；Crick H，1997）。②改变物种的丰富度和优势度，但不同物种的影响变化趋势不一致，在相同的气候变化下物种丰富度有增加但也有减少的（Currie D J，2001；Iverson L R and Prasad A M，2001）。③影响种间关系，气候变化引起加拿大北方森林害虫显著变化（John J，2002；Stacey D A and Fellowes M，2002）。④改变物种迁徙类型（Hersteinsson P and Macdonald D W，1992；Thomas C D and Cameron A，2004）。

6.1.3 对生态系统多样性的影响

气候变化影响物种的分布、组成和物种间关系，导致生态系统多样性的变化，气候变化对生态系统的影响主要体现在两个方面：①生态系统的地带性移动。气候变化对物种多样性有影响的同时会使生态系统结构功能发生对应的改变，如高海拔地区林线的升高或者低纬度阔叶林由低纬度向高纬度扩张等（吴建国，2008）。②改变生态系统的组成（延晓冬等，2000；Arnell N W et al.，2002）。

6.2 生物多样性适应途径

6.2.1 制定生物多样性适应气候变化的国家策略

现有的国家生物多样性保护、气候变化应对的相关法律法规、部门规章、管理办法，以及区域生物多样性就地保护模式设计，没有统筹考虑气候变化新形势下生物多样性损失损害评估和适应性管理能力。适应气候变化的相关政策措施存在缺失多、针对性不强、可操作性差等问题。在气候变化趋势不可逆转的前提下，建立生物多样性保护适应气候变化的评价标准、适应技术规范和监管政策体系，是气候变化风险管理和生态安全预警的前提。就气候变化风险管理而言，与发达国家相比，中国生物多样性应对气候变化风险的能力建设仍处于起步阶段，现有技术政策、标准法规和管控措施大多未考虑生物多样性与气候变化的相互影响与反馈作用，生物多样性保护适应气候变化的专项技术政策措施亟待制定与发布（李海东和高吉喜，2020）。积极推进生物多样性保护适应气候变化能力建设，作为国家整体适应战略中的重要内容，提高生物多样性价值（或其损失损害）纳入相关政策和法规的审查和修订，并由专门机构负责。

6.2.2 监测生物多样性对气候变化的响应

中国国家级自然保护区也未开展气候变化影响观测与评估工作，生物类自然保护区缺乏气候变化生态响应监测、风险评估与安全预警、风险管控技术体系。同时，自然保护区发展规划和管理目标中缺乏考虑气候变化风险的管控要求，亟须在自然保护区建设与管理中纳入主要保护对象和不同功能区（核心区、缓冲区和实验区）适应气候变化的能力建设内容。针对薄弱环节，不断完善相关的法律体系，加大执法力度，强化风险预警，建立完善生物多样性应对气候变化的监测体系、风险评价标准和监管政策技术体系，提升自然生态系统和物种多样性适应气候变化的综合管理能力（李海东和高吉喜，2020）。

6.2.3 加强物种就地保护和迁地保护

21 世纪以来，生态廊道构建被视为是应对气候变化损失和危害的措施之一（郑好等，2019）。中国自然保护区孤岛化、破碎化现象严重，为了有效适应气候变化，需要在相邻的自然保护区之间建立同质生境条件和管理措施的生态廊道网络，将若干个小的或孤立的自然保护区连在一起形成大的保护网络系统。设置物种迁移廊道，可扩大现有自然保护区之间的信息交流。相邻的自然保护区之间也可通过设置生态廊道，提高彼此应对气候变化的能力。如在中越边境广西壮族自治区西南地区，包括老虎跳自治区级、地州县级、底定自治区级、邦亮长臂猿国家级、古龙山县级、下雷自治区级、青龙山自治区级、恩城国家级和弄岗国家级 9 处自然保护区规划建立跨境生物廊道，将具有较高生物多样性的斑块进行有效连接，对保存好该区域的森林湿地和生物多样性、维护物种栖息地的生态完整性具有极其重要的意义。

6.2.4 控制有害生物危害

气候变化可能会导致有害生物的分布范围加大，以导致其危害性的增加。因此应监测和控制杂草、鼠害、入侵生物、病虫害等扩散，一旦发现及时有效处理。

2021 年 1 月，生态环境部部长黄润秋在应对气候变化和保护生物多样性科学报告中指出，通过保护修复和管理生态系统协同应对气候变化和保护生物多样性的理念，“基于自然的解决方案”倡导生态文明理念，依靠自然的力量应对全球环境挑战，聚焦减缓和适应气候变化、保护生物多样性等目标，推动绿色低碳发展，对世界各国都具有重要借鉴意义。

参考文献

Arnell N. W, Cannell M, Hulme M, et al. The Consequences of CO_2 stabilisation for the impacts of climate change[J]. Climatic Change, 2002, 53(4): 413-446.

Bradley N L, Leopold A C, Ross J. Phenological changes reflect climate change in Wisconsin[J]. Proceedings of the National Academy of Sciences of the United States of America, 1999, 96(17): 9701-9704.

Crick H. UK birds are laying eggs earlier[J]. Nature, 1997, 388(6642): 526-526.

David J, Currie. Projected effects of climate change on patterns of vertebrate and tree species richness in the conterminous united states[J]. Ecosystems, 2001, 4(3): 216-225.

Hersteinsson P, Macdonald D W. Interspecific competition and the geographical distribution of red and arctic foxes Vulpes vulpes and Alopex lagopus[J]. Oikos, 1992, 64(3): 505-515.

John J. Time-delayed effects of climate variation on host paraste dynamics[J]. Ecology, 2002, 83(4): 917-924.

Louis R, Iverson, Anantha M, et al. Potential changes in tree species richness and forest community types following climate change[J]. Ecosystems, 2001, 4(3): 186-199.

Stacey D A, Fellowes M. Influence of elevated CO_2 on interspecific interactions at higher trophic levels[J]. Global Change Biology, 2002, 8(7): 668-678.

Thomas C D, Cameron A, Green R E, et al. Extinction risk from climate change[J]. Nature, 2004, 427(6970): 145-148.

何远政，黄文达，赵昕，等. 气候变化对植物多样性的影响研究综述 [J]. 中国沙漠，2021，41(1): 59-66.

李海东，高吉喜. 生物多样性保护适应气候变化的管理策略 [J]. 生态学报，2020，40(11): 3844-3850.

吴榜华，孟庆繁，赵元根，等. 全球气候变化与生物多样性 [J]. 吉林林学院学报，1997，13(3): 142-146.

吴建国. 气候变化对陆地生物多样性影响研究的若干进展 [J]. 中国工程科学，2008，10(7): 9.

延晓冬，符淙斌，HermanH. Shuagrat. 气候变化对小兴安岭森林影响的模拟研究（英文）[J]. 植物生态学报，2000，24(3): 312-319.

郑好，高吉喜，谢高地，等. 生态廊道 [J]. 生态与农村环境学报，2019，35(2): 137-144.

第二篇

中越边境生物多样性保护实践

第 7 章

中越生物多样性保护主流化实践

7.1 法律法规与政策

7.1.1 中国生物多样性保护法律法规与政策

中国政府坚持绿色发展理念，将生态文明建设置于同经济、社会、文化等方面建设同等重要的位置，高度重视生物多样性保护。目前，中国已初步建立了生物多样性法律法规体系，该体系由生态环境保护与相关自然资源保护及管理法律法规、专门行政规章和规范性文件组成。直接纳入了生物多样保护和可持续利用的相关法律包括《中华人民共和国野生动物保护法》《中华人民共和国环境保护法》《中华人民共和国草原法》《中华人民共和国环境影响评价法》等，其中，2014 年第十二届全国人民代表大会修订了《中华人民共和国环境保护法》，增加了“保护生物多样性”“防止对生物多样性的破坏”等内容。除上述法律外，中国还通过颁布各种条例，加强对生物多样性的保护与可持续利用，如《中华人民共和国自然保护区条例》《中华人民共和国野生植物保护条例》《农业转基因生物安全管理条例》《中华人民共和国濒危野生动植物进出口管理条例》《规划环境影响评价条例》等。国务院相关行业主管部门还制定、颁布了相应的行政规章和规范性文件，主要包括 2000 年《全国生态环境保护纲要》、2001 年《全国野生动植物保护及自然保护区建设工程总体规划》、2005 年《国务院关于落实科学发展观　加强环境保护的决定》、

2007 年《国家重点生态功能保护区规划纲要》、2007 年《全国生物物种资源保护与利用规划纲要》、2008 年《全国生态功能区划》、2008 年《全国生态脆弱区保护规划纲要》、2010 年《中国生物多样性保护战略与行动计划（2011—2030 年）》、2016 年《中华人民共和国国民经济和社会发展第十三个五年规划纲要》、2016 年《全国生态保护“十三五”规划纲要》。在中国的法律法规体系建设与逐步完善的过程中，生物多样性保护正在成为其中不可或缺的内容。

7.1.2 建立省级生物多样性法律法规

在中国政府的高度重视下，生物多样性的保护与可持续利用正在迅速进入省级层面的发展规划，尤其是一些开展生物多样性保护工作较好的省份，在省级规划中对生物多样性有了更为全面的考虑，也制定了一系列生物多样性保护与可持续利用相关的法规。广西壮族自治区结合本地区实际，先后制定了《广西壮族自治区环境保护条例》《广西壮族自治区森林和野生动物类型自然保护区管理办法》《广西水生野生动物管理规定》《广西树蔸树木采挖流通管理规定》等地方性法规、规章，颁布了自治区重点保护野生动物名录，部分自然保护区还制定了保护区管理办法；制定出台了环境影响评价制度、生物物种资源开发利用许可证制度等管理制度。

7.1.3 中国—东盟生物多样性保护的法律法规体系

中国加入的有关生物多样性的公约有《生物多样性公约》《南极条约》《湿地公约》《濒危野生动植物种国际贸易公约》《自然与文化遗产公约》《联合国防治荒漠化公约》《北太平洋公海渔业资源养护和管理公约》《联合国气候变化框架公约》等。另外，中国也与周边国家签订了一些有关生物多样性的双边条约，如《中华人民共和国政府和大韩民国政府渔业协定》《中华人民共和国政府和俄罗斯联邦政府关于保护候鸟及其栖息环境的协定》《中华人民共和国和日本国渔业协定》等。

东盟成员国已经在东盟地区制定和实施加强和确保生物多样性保护的政策、法律和法规。在文莱，1978 年颁布的《野生动物保护法》和 2007 年颁布的《野生动物保护名录》为保护野生动物和野生动物保护区的建立提供了依据。在柬埔寨,《十一月皇家法令》(1993)列出了目前国家保护地系统中主要生态系统的名录。2006 年实施的《渔业法》要求渔业管理采用基于生态系统的方法，并强调保护鱼类栖息地。此外还有《作物种子管理和植物育种家权利法》《国家生物安全法》(2007 年)。在印度尼西亚，关于保护生物多样性的法律有《自然资源和生态系统保护》(1990 年)、《生物多样性公约》(1994 年)、《卡塔赫纳议定书和生物安全》(2004 年)等。越南制定了《生物多样性行动计划》(1995 年)、《国家环境保护战略》(2003 年)、《森林保护和发展法》(2004 年)、《环境保护法》(2005 年)、《生物多样性保护法》(2008 年)、《国家环境保护战略》(2003 年)和《生物多样性保护与行动计划》(2007 年)、《生物多样性法》(2009 年)等。在新加坡，2005 年制定的《国家公园委员会法》和《公园和树木法》为新加坡的生态系统保护提供了法律基础。由此可见，东盟各国为保护生物多样性做了充分的立法工作。

这些法律法规不仅为生物多样性的保护提供了法律依据，也为生物多样性的进一步主流化打下了一定的基础。

7.2 主流化实践

7.2.1 生物多样性保护主流化

生物多样性主流化，是指将生物多样性纳入国家或地方政府的政治、经济、社会、军事、文化及环境保护等经济社会发展建设主流的过程，也包括纳入企业、社区和公众生产与生活的过程。

7.2.2 生物多样性保护主流化途径

现行的主流化途径包括将生物多样性纳入政府和部门的法律法规、政策、战略、规划、科技创新、脱贫、文化建设、环境保护以及机构建设，也包括企业的规划、建设与生产过程以及社区的建设与公众的日常生活等。生物多样性保护主流化在国际上被认为是最有效的生物多样性保护和可持续利用措施之一，在《生物多样性公约》（第6条和第10条）中有明确的规定：应尽可能地将生物多样性的保护与可持续利用纳入部门、跨部门规划、行动、政策和国家的决策过程（张风春等，2015）。

7.2.3 中国生物多样性主流化实践

1. 列入国家重大战略和规划计划

1）中国生物多样性保护战略与行动计划

2010年，国务院发布《中国生物多样性保护战略与行动计划（2011—2030年）》，行动计划明确了战略目标、战略任务、优先行动计划等内容；同时，该行动计划在国内第一次提出了具有明确边界的生物多样性保护优先区域，确定了中国32个内陆和3个海洋生物多样性保护优先区域，其中，32个内陆生物多样性保护优先区域共涉及27个省份的885个区域，总面积232.15 km^2，约占国土面积的24%。

2）全国主体功能区规划

2010年，国务院印发了《全国主体功能区规划》，将国土空间划分为优化开发、重点开发、限制开发和禁止开发4类。其中的禁止开发区域是指有代表性的自然生态系统、珍稀濒危野生动植物物种的天然集中分布地、有特殊价值的自然遗迹所在地和文化遗址等。国家禁止开发区域共1 443处，总面积约120万 km^2，占全国陆地国土面积的12.5%。同时，《全国主体功能区规划》明确了25个重点生态功能区，总面积约386万 km^2，占全国陆地国土面积的40.2%。国家重点生态功能区分为水源涵养型、水土保持型、防风固沙型和生物多样性维护型4种类型。其中，生物多样性维护类型的重点生态功能区有7个。

2. 将生物多样性保护置于生态文明建设之中

党的十八大报告首次将生态文明纳入“五位一体”总体格局，明确提出了生态文明建设的重点任务，其中之一就是加大自然生态系统保护力度，扩大森林、草地、湿地面积，保护生物多样性。党的十九大提出了“加快生态文明体制改革，建设美丽中国”的宏伟目标，实现这一目标的主要任务包括实施重要生态系统保护，优化生态安全屏障体系，构建生态廊道和生物多样性保护网络，提升生态系统质量和稳定性，建立以国家公园为主体的自然保护地体系，统筹山水林田湖草系统治理，为全球生态安全作出贡献。

中国共产党十九届五中全会在“十四五”时期的工作部署中指出：推动绿色发展，促进人与自然和谐共生。坚持“绿水青山就是金山银山”理念，坚持尊重自然、顺应自然、保护自然。坚持节约优先、保护优先、自然恢复为主，守住自然生态安全边界。

3. 完善生物多样性保护机构

1）成立国家委员会

2010 年，联合国大会把 2011—2020 年确定为“联合国生物多样性十年”，国务院成立了“2010 国际生物多样性年中国国家委员会”，召开会议审议通过了《国际生物多样性年中国行动方案》和《中国生物多样性保护战略与行动计划（2011—2030 年）》。2011 年，国务院批准成立中国生物多样性保护国家委员会，由国务院领导担任主席，委员会由中宣部、国家发展改革委等 25 个部委和单位组成。国家委员会统筹协调生物多样性保护工作，指导“联合国生物多样性十年中国行动”，审议通过了《加强生物遗传资源管理国家工作方案》和《生物多样性保护重大工程实施方案》等。

2）改革行政管理体制

由于历史原因，中国生态系统管理体制建设落后于环境污染控制，政府的生态保护管理职能分散在各个部门，按生态和资源要素分工的部门管理模式，缺乏强有力的、统一的生态保护监督管理机制，不利于生物多样性保护。为统一行使全民所有自然资源资产所有者职责，统筹山水林田湖草系统治理，统一行使所有国土空间用途管制和生态保护修复职责，着力解决自然资源所有者不到位、空间规划重叠等问题，2018 年，中国发布了《深化党和国家机构改革方案》，其中，由新组建的自然资源部对自然资源开发利用和保护进行统一管理，建立自然资源有偿使用制度。国家林业和草原局整合了此前由多个部门管理的自然保护区、风景名胜区、自然遗产、地质公园等管理职责，并增加国家公园管理局的名称，负责建立以国家公园为主体的自然保护地体系。上述机构改革为加强保护生物多样性奠定了体制基础。

4. **建立生态保护红线体系**

划定生态保护红线，是中国政府在生态环境总体仍比较脆弱、生态安全形势严峻的总体态势下作出的一项重大决策。2017 年 2 月 7 日，中共中央办公厅、国务院办公厅印发《关于划定并严守生态保护红线的若干意见》，明确了全国生态保护红线工作总体要求和具体任务。

5. **建立国家公园体制**

中共中央办公厅、国务院办公厅于 2017 年 9 月 26 日印发的《建立国家公园体制总体方案》对国家公园的定义、设立目标等作出明确规定。国家公园属于全国主体功能区规划中的禁止开发区域，纳入全国生态保护红线区域管控范围，实行最严格的保护。与一般的自然保护地相比，国家公园范围更大、生态系统更完整、原真性更强、管理层级更高、保护更严格，在我国的自然保护地体系中处于主体地位。

7.2.4 中国—东盟生物多样性保护主流化实践

1. **建立跨境保护地和区域性机构**

东盟国家建立了东盟生物多样性中心，在区域内对生物多样性进行跨境研究和保护。成立东盟野生动植物执法网络，制止本国的野生动植物犯罪，并会同本地区其他国家合作打击走私濒危物种活动。区域性网络的建立使 GMS 国家有能力对其国内的森林和其他生态系统进行有效管理。中国作为其重要合作伙伴，双方共同开展了大量的合作与交流工作。

2018 年，中国科学院与缅甸自然资源及环境保护部合作共建“东南亚生物多样性研究中心”，标志着中国—东盟在生物多样性研究与保护领域的合作进一步深化，成为全球生物多样性保护的一个重要试验区。中国与东盟互相学习和借鉴生物多样性保护的理念、管理模式和成功经验，在一定程度上为次区域的生物多样性保护做出很大贡献，不仅促进了中国—东盟生物多样性保护，同时也为“南南环境合作”树立了一个良好的典范。

2. 开展在生物多样性保护领域的广泛合作

经济的发展、生态环境的退化、扶贫和环境保护等一系列问题是中国与东盟国家在经济发展过程中面临的共同挑战。2005 年，中国与亚洲银行联合推出“大湄公河次区域核心环境计划和生物多样性保护廊道倡议”（CEP-BCI），有 6 个国家参与，包括中国、越南、缅甸、老挝、泰国、柬埔寨。东盟通过了《中国—东盟环境保护合作战略 2009—2015》，将生物多样性保护列为双方环境合作的优先领域之一。2010 年，第 13 届中国—东盟领导人会议通过的《中国和东盟领导人关于可持续发展的联合声明》指出，双方应在生物多样性和生态环境等领域开展合作。2020 年，第 23 届中国—东盟领导人会议上，确立 2021 年为“中国—东盟可持续发展合作年”，进一步加强在生态环境保护等领域的合作，并提出尽早发布新一时期的《中国—东盟环境合作战略及行动计划》。在双方的共同努力下，中国与东盟成员国的生物多样性保护合作稳步推进，取得了突出的进展。

7.2.5 中越边境生物多样性保护主流化实践

1. 参与国家国际履约项目

GMS 核心环境项目和生物多样性保护廊道示范项目，针对中越边境喀斯特地区栖息地丧失、破碎化、孤岛化及当地社区保护和发展的矛盾等问题，研究提出了中越边境喀斯特地区生物多样性保护关键技术集成与应用，为广西生物多样性保护提供了重要技术支撑。

2. 制定生物多样性保护相关的地方标准

1）纳入生物多样性影响评价

广西壮族自治区将生物多样性保护工作纳入有效环境管理，从避免、替代、减缓等方面对项目建设提出标准要求，编制广西壮族自治区地方标准《环境影响评价技术导则生物多样性影响》（DB45/ T 1577—2017），填补了广西壮族自治区环境影响评价体系生物多样性影响评价技术标准的空白。该标准应用于全自治区环境影响评价单位，并被翻译成英语、泰语、马来西亚语、越南语供东盟国家参考，取得良好的国际示范作用，推进了广西壮族自治区生物多样性影响评价主流化。

2）制定中越喀斯特地区栖息地恢复标准

编制广西壮族自治区地方标准《岩溶地区栖息地恢复技术导则》（DB45/T 2055—2019），适用于广西壮族自治区喀斯特地区某特定动物物种栖息地恢复工程建设，形成了喀斯特地区栖息地恢复技术标准化，突破了传统而单一的栖息地恢复技术和手段。该标准应用到东黑冠长臂猿栖息地恢复、百色市和崇左市山水林田湖草生态修复工程等3个代表性喀斯特地区的受损生境修复和重建中。

3. 推动生物多样性保护工作纳入政府相关工作

生物多样性保护有关内容纳入了《广西壮族自治区环境保护和生态建设“十三五”规划》等多项规划；2017年1月，纳入了在联工委广西方委员会秘书处正式印发的《中国广西壮族自治区与越南河江、高平、谅山、广宁省联合工作委员会第八次会晤备忘录》；2015年，推动广西壮族自治区与越南高平省双方的环保部门签署了《生物多样性保护合作谅解备忘录》；2016年，广西壮族自治区推进“一带一路”有机衔接重要门户工作领导小组办公室印发《广西参与建设丝绸之路经济带和21世纪海上丝绸之路的思想与行动》。

4. 建立政府层面高层次沟通和交流

2015年至今，在广西壮族自治区、越南等边境地区多次召开交流研讨会，中越双方在生计替代实践、生物多样性技术方法、生物多样性保护与管理、跨境廊道保护等方面开展交流研讨。广西壮族自治区生态环境厅每年在由中国生态环境部和广西壮族自治区人民政府主办的中国—东盟环境合作论坛中特别邀请越南谅山省和高平省相关代表参会，共同研究生物多样性保护工作的进一步合作与交流。

5. 基层生物多样性保护能力建设全面加强

广西壮族自治区以建设和培养素质过硬的生物多样性保护与管理队伍为重点。成立省级、市级以及县级项目管理办公室，积极组织基层生物多样性管理人员参加由亚洲开发银行和环境运营中心、生态环境部等召开的生物多样性保护活动，包括技术研讨会、培训会、协调会、经验分享会、调研考察等，掌握当前区域生物多样性保护最新形势，了解、学习、借鉴新理论、新技术、新方法和成功经验，提高生物多样性保护技术水平和管理能力，区域生物多样性保护的能力得到明显提升。

6. 加强生物多样性保护宣传教育

广西壮族自治区生态环境厅在中越边境地区广泛开展生物多样性保护宣传教育，邀请国内、区内主流媒体结合“5・22 国际生物多样性保护日”“6・5 环境日”等，采取进学校、公园、社区等多种形式提高政府和公众生物多样性保护的意识。借助中国—东盟博览会等平台，在中国—东盟国际环保展中广泛宣传中越边境生物多样性保护工作。

参考文献

张风春，刘文慧，李俊生 . 中国生物多样性主流化现状与对策 [J]. 环境与可持续发展，2015，40(2): 13-18.

第8章

中越跨境生物多样性景观保护

中国广西壮族自治区与越南交界一线的边境喀斯特森林区域是亚洲大陆与中南半岛生物交流的重要通道，汇集了众多的生物种类，孕育着复杂多样的生物类群。该区域位于国际生物多样性热点地区中缅生物多样性热点（Indo-Burma）范围内，属于中国生物多样性保护战略与行动计划32个生物多样性优先保护地区之一、世界34个生物多样性热点地区之一和中国3个植物特有现象中心之一，也被划定为GMS核心环境项目的7条跨境生物多样性保护景观带之一。

8.1 景观特点

8.1.1 生物多样性丰富，特有成分及喀斯特性质突出

据调查，该区域仅野生维管束植物种类就有2 350种，占广西壮族自治区野生维管束植物种类的27.4%以上；脊椎动物达740种之多，其中陆生脊椎动物种类占我国西南喀斯特地区陆生脊椎动物物种总数的一半以上；区系的洞穴鱼类多样性在国际上名列前茅。该区域特有物种十分丰富，如龙州凤仙花等广西壮族自治区特有植物就达120多种。此外，还分布着众多的喀斯特地区特有植物，尤其是嗜钙或耐钙植物，组成了该区域的优势种、次优势种或常见种，构成了特殊的喀斯特植被。

8.1.2 物种历史古老，珍稀濒危物种较多，亟须保护

该区域复杂而年代久远的地质条件，使很多残遗植物在此得以保存和延续，如古生代的卷柏类、中生代的紫萁类、三叠纪的毛蕨、第三纪的凤尾蕨、白垩纪的桑科等。珍稀濒危物种丰富，统计结果显示，仅国家重点保护动植物种类就多达 114 种，广西重点保护物种 150 多种。一些特有种仅分布于该区域的单一或少数几个分布点上。例如，世界上最濒危灵长类之一的东黑冠长臂猿，数量只有 130 个个体左右，目前仅被发现于该区域的广西壮族自治区百色市靖西市与越南高平省重庆县交界的喀斯特森林地带内。虽然这些物种已受到越来越多的政府、社会的关注，但由于其面临着极其严重的问题，如种群数量稀少、栖息地丧失、食物短缺、外来竞争等，因此，亟须社会各界对其加强保护。

8.1.3 植物（植被）具有明显热带和过渡性地带分布性质

中越边境地区地处北热带地带，因此森林群落也主要由热带性质较强的树种种类组成，并伴有亚热带、温带性质的成分，植被地带过渡性明显。

8.2 生物多样性面临的主要问题

喀斯特地区的生态环境特殊且极为脆弱，其植被一旦遭到破坏就极难恢复。由于人类活动的干扰，自然植被受到严重破坏，植被覆盖率急剧下降，水土流失严重，土地生产力严重下降直至丧失，以致出现严重的石漠化，从而又导致该地区的生态退化、贫穷等突出问题。

8.2.1 栖息地丧失和破碎化

由于历史原因，过去一些时期对森林过度砍伐致使大面积天然林丧失。2005—2015 年，为满足社会经济发展的需求，农作物或人工林不断发展，逐渐取代了更多的天然植被。一些工程建设项目未能充分考虑生物多样性保护，

从而将较完整的森林植被切割成斑块状，导致了野生动植物栖息地的丧失和破碎化。

8.2.2 人为干扰及非法采猎活动

生物多样性的保护受到多种多样的人为因素干扰。如围垦和开荒，旅游项目的不合理规划，采矿场内的作业活动和矿物堆积等，往往会在短短几年的时间内迅速对周围的野生动植物的生存造成不良影响。人类对野生动植物资源的不合理开发利用，尤其是掠夺式利用方式，甚至是盗猎、贸易等非法活动，不考虑资源的休养生息，造成许多野生动植物陷入濒危境地。各项干扰因子及其强度情况见表 8-1。

表 8-1 各项人为干扰因子及其强度情况

序号	干扰因子	干扰对象	干扰强度	趋势
1	工程建设	植被及野生动植物	强烈	增强
2	村镇建设	植被及野生动植物	较强	增强
3	放牧	植被、草地	较强	有所减弱
4	采集采挖	植被、草地	较强	减弱
5	捕猎打捞	野生动物	较强	有所减弱
6	围垦开荒	植被、草地	一般	减弱

8.2.3 外来物种入侵

外来物种通过压制或者排挤本地物种，形成单优势种群，危及本地物种的生存，加快物种的消失与灭绝。

8.2.4 环境污染

河流污染可能会造成鱼虾、两栖爬行类的大量减少，也使鸟类食物来源减少、繁殖率下降。酸雨造成植物枯死、土壤酸化、地力衰竭。重金属等有毒污染物引起毒素在土壤和生物体内的富集，破坏土壤营养物质和生物的生理结构，也导致森林抗病害能力降低。喀斯特地貌的一大特点就是地下溶洞、地下河流众多，因此，环境污染可能有更广泛的影响，因为受污染的水可能流到河床以外的地方，或者污染深层地下水。

8.2.5 石漠化

广西中越边境地区处于热带季风气候区北部，属于高温高湿的东亚季风气候，风化作用和喀斯特作用强烈，由于喀斯特地区岩石的多孔性，即使雨量充沛，但因土壤层稀薄，生态系统保水能力差也极易出现干旱。加之近年来各种不良因素的影响，造成了严重的生境退化和石漠化。由图 8-1（a）、图 8-1（b）可以看出，广西百色市、崇左市（共 6 个区县）各个区域都出现了不同程度的石漠化现象。

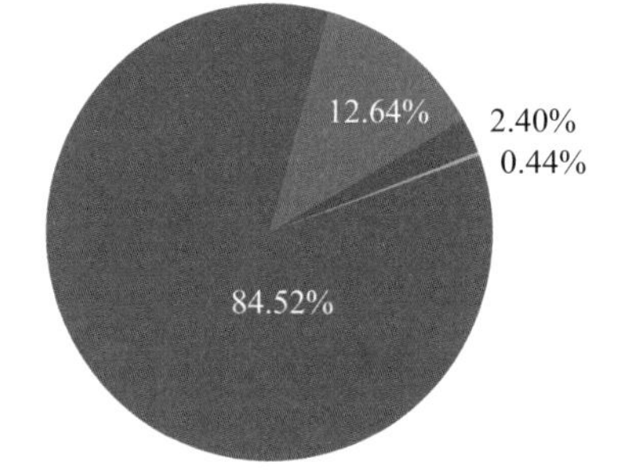

图 8-1（a） 广西百色市石漠化状况示意图

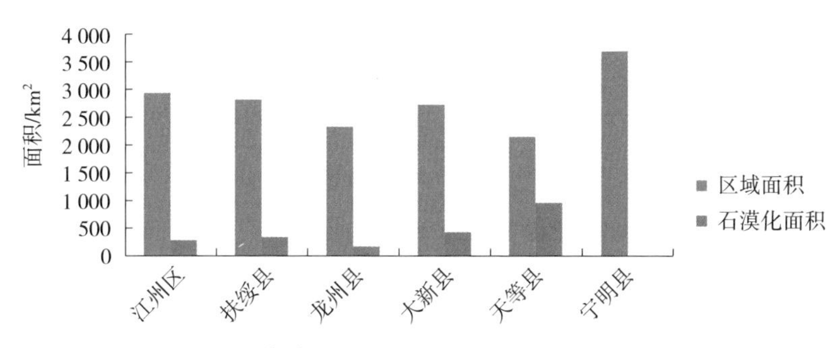

图 8-1（b） 广西崇左市石漠化状况示意图

8.3 跨境生物多样性景观保护

8.3.1 逐步建立健全政策、法规体系

为加大生物多样性保护力度，除履行国家与生物多样性保护相关的法律、法规外，广西壮族自治区还结合本地区实际，制定了一些相关地方法规和管理制度。先后制定了《广西壮族自治区环境保护条例》《广西壮族自治区森林和野生动物类型自然保护区管理办法》《广西水生野生动物管理规定》《广西树蔸树木采挖流通管理规定》等地方性法规，颁布了自治区重点保护野生动物名录，部分自然保护区还制定了保护区管理办法；制定出台了环境影响评价制度、生物物种资源开发利用许可证制度等管理制度，发布广西地方标准《环境影响评价技术导则　生物多样性影响》（DB45/T 1577—2017），标准文本内容还翻译成了越南语、泰语、柬埔寨语、马来西亚语等东盟小语种，为其他东南亚国家开展生物多样性保护提供借鉴；发布广西地方标准《岩溶地区栖息地恢复技术导则》（DB45/T 2055—2019）并正式实施，为喀斯特地区的栖息地恢复和质量改善提供了技术指导。

8.3.2 就地保护、迁地保护等多手段并举

建立自然保护区是生物多样性保护最主要的就地保护手段。目前，广西壮族自治区已建立各级自然保护区 78 处，其中广西崇左白头叶猴自然保护区是最典型的以喀斯特石山森林生态系统为主的国家级自然保护区；广西邦亮长臂猿国家级自然保护区是设立于中越跨境地区、以保护旗舰物种——东黑冠长臂猿及其他珍稀濒危物种为主要目的的保护区，其在开展生物多样性保护、中越跨境保护合作等方面发挥着极其重要的作用，其他就地保护形式如封山育林、设立森林公园等。迁地保护则主要通过建立动物园、植物园、种质基因库等实现。

8.3.3 栖息地（生态）恢复

同样是喀斯特地貌，不同的地域、石山坡坡向、坡位存在很大差异，因此小范围的区域内即可出现复杂多样的生境。根据《中国植被》的分类，广西中越边境喀斯特地区植被类型可分为针叶林植被型组、阔叶林植被型组、竹林植被型组、藤刺灌丛植被型组、草丛植被型组 5 个植被型组。不同的植被类型都可通过一系列演替阶段而自然恢复，在此过程中，生物多样性也会随植被演替而发生变化。图 8-2 为中越边境喀斯特地区植被演替过程。

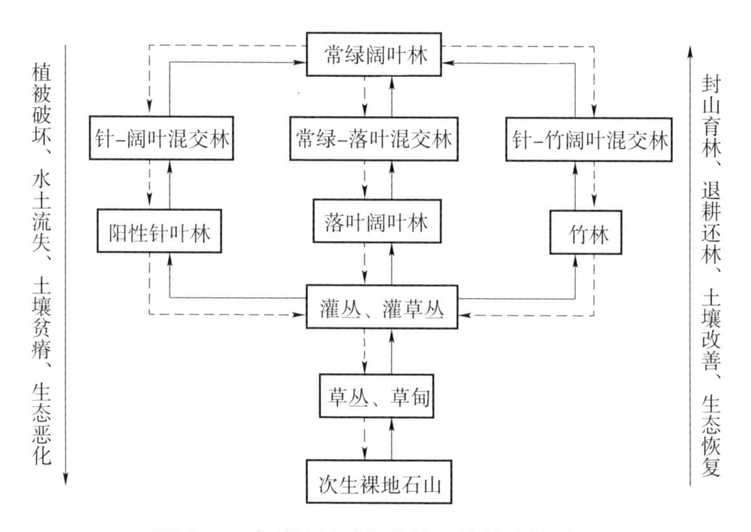

图 8-2 中越边境喀斯特地区植被演替过程

特殊的地理地貌及气候条件，决定了适宜喀斯特地区的物种大都具有耐旱、喜钙、抗瘠等特性，生境狭窄，也造就了在小范围内即可出现复杂多样的生境和植被类型。可见，在进行栖息地恢复时，需要考虑恢复方法和技术对不同类型植被的匹配，但都有一个共同点，那就是尽量减少各种（人为的和非人为的）干扰因子对脆弱的生态系统的干扰，这将对植被后期的演替产生非常重要的影响。喀斯特地区栖息地恢复方法与其他不同类型地貌的栖息地恢复一样，一般包括天然更新和人工辅助两大类。一些常见的用于栖息地恢复的方法和技术见表 8-2。

表 8-2　喀斯特地区栖息地恢复方法统计

序号	方法	主要途径
1	天然更新	缓解威胁、就地保护、监测
2	人工促进天然更新	辅助幼苗生长、清除入侵植物或杂草、萌芽林的维护、树冠处理、蔓藤处理、动物辅助播种
3	人工种植	行植法、就地森林补植

8.3.4　栖息地（生态）恢复模式

目前，喀斯特地区生态恢复的典型模式有立体生态农业模式、乔灌混交防护林治理模式、生态经济林治理模式、地头水柜综合开发利用模式等。造成森林植被破坏的主要原因是农村能源缺乏，农民依靠采樵来解决生产、生活的燃料。加强农村能源建设是封山育林和人工造林成功的有力保障。在各村寨建设一定面积的薪炭林，并大力发展农村沼气建设，可从根本上解决农户的燃料问题；同时，又可以使农作物秸秆和人畜粪便转变为优质有机肥，促进农业生产。此类模式为较好、较为适宜的生态模式。

8.3.5　生物多样性保护廊道建设

在广西中越边境的喀斯特地区，由于各种干扰因子导致野生动物的生境丧失和破碎化、片段化，形成了许多“孤岛”或斑块，使“孤岛”或斑块上的物种很难或者无法相互交流，造成繁殖困难，引起种群数量下降甚至出现濒危。而恢复连片、完整直至良性的生态系统，一个很重要的手段就是建立连接各个生境片段的生态廊道。在广西与越南边境地区，有一条沿着国界线走向的沿边公路。这条沿边公路贯通着广西的那坡、靖西、大新、龙州 4 个县，涉及 10 处不同级别的自然保护区。在此基础上，通过沿线建立生物多样性保护廊道，保护区之间实现生物交流畅通，形成连片的自然保护区群。

8.3.6 社区生机改善——种子基金试点示范

种子基金示范活动自 2011 年启动，前后共计投入人民币 49 万元，参与示范的社区村民通过自筹方式注资共计人民币 23.1 万元。一方面，发动种子基金试点的村民一起参与栖息地恢复示范活动，用种子基金中的一小部分对参与的村民进行相应的劳务补偿；另一方面，在种子基金管理的某些条款约束下，村民获得的劳务补偿又直接纳入社区种子基金，用于开展村民的可持续发展生计活动。

种子基金示范与栖息地恢复示范活动相结合，通过采用社区参与式保护模式，打破了以往保护区与社区间过于僵硬的矛盾、对立关系，支持社区居民发展生物多样性友好的生计活动；结合各示范村屯经济条件、存在的问题、发展优势、村民意愿等实际情况，提供技术指导和咨询，协助制定可行的发展规划和计划，不仅使社区、村民直接参与到生物多样性保护、保护区管护的行动中来，还实现了在保护中发展，切实有效地改善了当地生计，探索了生物多样性保护与经济发展（减贫、致富）双赢的模式。

8.3.7 加强能力建设，持续推进跨境合作

广西依托 GMS 核心环境项目和生物多样性示范项目，以生物多样性长效保护和管理的长远发展为目标，以建设和培养素质过硬的生物多样性保护与管理队伍为重点。积极组织参加由亚洲开发银行和环境运营中心、生态环境部等召开的生物多样性保护活动，包括高层会议、技术研讨会、培训会、协调会、经验分享会、调研考察等，掌握当前区域生物多样性保护最新形势，了解、学习、借鉴新理论、新技术、新方法和成功经验。

中方一直与越南方保持密切联系。中越双方在东黑冠长臂猿保护工作中创新合作方式，定期召开“界碑会议”，共同探讨日常事务，进一步加强在联合调查与巡护、信息沟通和分享、共同打击非法活动等方面的合作。双方不断加强跨境生物多样性景观保护合作和廊道管理，特别是在生物多样性保护技术、方法、政策等不同层面交流与合作，实现共享信息。2015 年 5 月，在

中越双方环境部门的共同努力下，广西壮族自治区环境保护厅和越南高平省自然资源与环境厅双方就生物多样性保护合作签署了《生物多样性保护合作谅解备忘录》，承诺就生物多样性保护开展合作，分享、共同关注并承担共同责任，同时通过国际与省际合作的方式，共同保护上述独特景观。此备忘录是 GMS 7 个跨境生物景观热点中的首个跨境合作备忘录，受到了原环境保护部、亚洲开发银行的高度赞赏。2017 年年初，在项目的推动下，生物多样性保护及中越跨境环境合作相关内容被纳入《中国广西壮族自治区与越南河江、高平、谅山、广宁省联合工作委员会第八次会晤备忘录》，推动了生物多样性跨境保护合作向更高层面发展。

参考文献

Paul Insua-Cao，黎晓亚，Michael Dine，等 . 东黑冠长臂猿跨边境栖息地恢复的技术框架 [R]. 野生动植物保护国际，2014.

《广西西南喀斯特生物多样性》编委会 . 广西西南喀斯特生物多样性 [M]. 北京：中国大百科全书出版社，2011.

广西生物多样性保护战略与行动计划编制工作领导小组 . 广西生物多样性区情研究 [M]. 北京：中国环境出版社，2015.

李先琨，苏宗明，吕仕洪，等 . 广西岩溶植被自然分布规律及对岩溶生态恢复重建的意义 [J]. 山地学报，2003，21(2): 129-138.

司彬 . 典型喀斯特石漠化地区植被恢复模式及其特征研究 [D]. 重庆：西南大学，2007.

覃海宁，刘演 . 广西植物名录 [M]. 北京：科学出版社，2010.

中国植被编辑委员会 . 中国植被 [M]. 北京：科学出版社，1980.

第9章

中越生物多样性保护廊道规划

中越生物多样性保护廊道规划是基于GMS经济快速发展的背景。为了协调环境保护与经济社会发展，亚洲开发银行在该区域开展环境保护核心项目，中国广西壮族自治区为其中的一个项目点，开展生物多样性保护廊道规划。其中2010—2012年，在广西壮族自治区一侧，规划了生物多样性保护廊道（BCI），称为一期保护廊道。该期廊道位于广西靖西市邦亮长臂猿国家级自然保护区周边，是曹邦（越南）—广西（中国）跨境生物多样性保护廊道的一部分，其长期目标是修复与维护越南曹邦和广西（时称为靖西县）的森林以及东黑冠长臂猿栖息地的生态完整性。

该期廊道规划的部分项目已融入该地区的生物多样性保护行动，目前取得的成效主要是：①对邦亮长臂猿保护区外围的栖息地开展了恢复；②开始系统地进行廊道范围内的生物多样性调查；③成立了长臂猿保护委员会，定期沟通与合作；④继续开展周边社区生计替代与发展；⑤开展生态乡村、污染防治的建设；⑥开展社区和公众宣传教育；⑦成为广西生物多样性保护廊道建设的窗口，国内外专家等进行了考察；⑧受到国际保护机构的关注，继续实施有关保护项目。

随着一期项目的到期，亚洲开发银行继续在广西壮族自治区进行二期保护项目。广西中越边地区生物多样性保护廊道（二期）（2014—2016）项目区是在一期项目区的基础上，沿中越边境线进行外延。首先，中越边境沿线分布一条边防公路，该公路通向不同县份的口岸，在地方经济社会发展中有重要地位，处于GMS经济走廊带。其次，该地区地处中越边境区域，是亚洲大陆与中南半岛生物交流的重要通道，汇集了繁多的生物种类，孕育了复杂多样的生物类群，位于国际生物多样性热点地区Indo-Burma范围内，是我国桂西南生物多样性保护优先区和三处植物特有现象中心之一，该项目区包括老虎跳自治区级、地州县级、底定自治区级、邦亮长臂猿国家级、古龙山县级、下雷自治区级、青龙山自治区级、恩城国家级和弄岗国家级9处自然保护区。

经调查，二期项目区涉及动植物资源丰富，共记录到维管束植物2 477种（其中野生种类2 351种），其中国家Ⅰ级重点保护植物5种[①]，国家Ⅱ级重点保护植物23种，广西重点保护植物153种，广西特有植物122种；国家Ⅰ级重点保护野生动物11种，国家Ⅱ级重点保护野生动物75种，广西重点保护动物109种，广西特有动物12种，IUCN极危物种5种，濒危物种9种，CITES附录Ⅰ禁止贸易的动物12种，附录Ⅱ限制贸易的物种60种。代表性物种包括蚬木、望天树、苏铁、东黑冠长臂猿、白头叶猴、黑叶猴等。项目区分布着季雨林、常绿落叶阔叶混交林、暖性落叶阔叶林等，具有热带雨林外貌特征，嗜钙或耐钙植物占有较大比例。除了森林，项目区还包括灌丛、农田、湿地、洞穴等生境。

将项目区具有较高生物多样性的斑块进行有效连接，对保存好该区域的森林与湿地和生物多样性、维护物种栖息地的生态完整性具有极其重要的意义。借助该项目，当地的民生状况、基层组织机构和其他参与部门的人员能力建设也将会有大幅提升。同时，该项目会为当地经济社会发展提供优良的生态环境，是开展生态文明的重要实践，并提升当地经济社会知名度，具有重要的经济社会效益。

9.1 邦亮长臂猿自然保护区周边廊道规划设计

9.1.1 设计原则

1）具有一定的宽度和连续性

廊道要具有一定的宽度和连续性，保证物种的运动和迁徙。廊道的优化

① 项目调查结果以执行期的国家重点保护动植物名录为依据，以下相关内容同。

要求不再对濒危物种偶然的、长距离疏散的地区给予过多的注意力，而是侧重于物种成功地利用廊道的能力。廊道与周边地区的交界相对平缓，有利于增加边缘地带的生物多样性。充分利用天然植被和乡土物种，满足生境的三大需求：水、食物和隐蔽所。

2）具有多样性

廊道应该联系和覆盖尽可能多的生境，含有层次丰富的群落结构，尽量将最高质量的生境包括在廊道范围内。当因某种原因不能建立足够或者具有足够内部多样性的廊道时，可考虑以脚踏石的方式来组建廊道。踏脚石之间的间距必须在可视距离范围内，视不同的生物而定。从生态流及过程的考虑出发，增加廊道数目可以减小生态流被截留和分割的概率。在满足基本功能要求的基础上，廊道数目通常被认为越多越好。

3）充分考虑不同的相关利益群体

廊道的建设必然牵涉地方政府、农民的切身利益。因此要在符合政策的前提下，调动政府和当地居民的积极性，赋予相关利益群体参与决策的权利，共同维护和建设廊道。由于这一保护模式涉及土地的利用，必须与政府及地方社区开展积极的协调活动。

9.1.2 设计方法

在分析生物多样性的重要概念、层次、价值、丧失原因、保护等理论的基础上，考虑到项目区面积不是很大，景观层次与生态系统层次差异不明显，因此从生态系统水平和物种水平两个层次遴选生物多样性指标。

1. 生态系统水平

以植被类型统计项目区不同的植被类型，包括暖性落叶阔叶林、喀斯特石山常绿季雨林、喀斯特石山落叶阔叶林、喀斯特石山常绿落叶阔叶混交林、喀斯特石山灌丛、酸性土灌丛、热性竹丛、草丛、人工林、村旁植被、农业植被、水域等，绘制成图。

2. 物种水平

该层次上包括 5 个指标，首先是物种丰富度，将项目区划分为 1 km ×

1 km 的栅格，统计每一栅格内的物种数；其次分别是特有种分布、外来入侵种分布、国家重点保护物种分布和濒危物种分布。分别绘制成图。

另外，统计项目区对生物多样性具有威胁或潜在威胁的人为活动，包括建设项目、围垦和开荒、村镇建设、道路、旅游活动、环境污染、过度采集、放牧等，并绘制在地图上。

以物种丰富度分布图为底图，选取丰富度高、较高或中等的栅格作为潜在的廊道建设区，综合考虑植被分布、人为活动情况、其他物种分布指标和地形分布，运用网络分析技术，确定廊道建设范围。

其技术路线如图 9-1 所示。

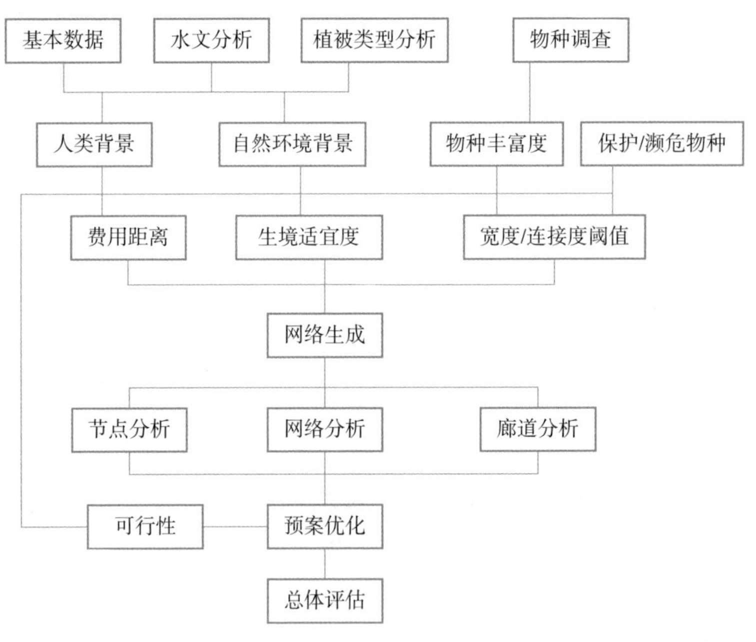

图 9-1　生物多样性保护廊道一期设计路线

9.1.3　调查结果

1. 物种丰富度分布

整个项目区被划分为 141 个千米网格，每个千米网格的面积为 1 km^2。计

算每一个网格中动 / 植物种类数与项目区动 / 植物总种数的比值，二者的贡献系数分别以 0.4 和 0.6 计。后者系数较大，凸显由植物构成的生境在生态系统构成和生物多样性组成中基础而重要的作用。最后计算每一网格中物种丰富度值。

项目区物种丰富度较高的区域主要集中在三片，一片位于项目区东侧其龙河一带；一片位于项目区的北部，龙珠村和史典村附近；另一片位于邦亮保护区东、西两片区的中间靠近龙井村一带。

2. 国家重点保护野生动物分布

项目区内无国家Ⅰ级重点保护野生动物分布，国家Ⅱ级重点保护野生动物 11 种，除虎纹蛙外其余均为鸟类，分别是黑翅鸢、松雀鹰、雀鹰、蛇雕、白腹隼雕、红隼、褐翅鸦鹃、小鸦鹃、领鸺鹠和斑头鸺鹠。重点保护动物分布较零散，没有明显集中分布区，只有邦亮村附近保护动物种类略显高。大部分种类都分布在植被较好的生境中，也有常在农田活动的鸟类出现在物种多样性较低的斑块内。

3. 国家重点保护及濒危植物分布

项目区有四片区域保护濒危植物分布密度较高。一片位于项目区西侧，其龙河一带；一片位于龙珠村与壬庄乡中间河流两侧；一片位于龙井村附近；另一片位于大兴村难滩河两侧。重点及濒危植物主要为蚬木、海南椴、董棕、剑叶龙血树、肥牛树、广西地不容、兰科植物、金毛狗樟等。

4. 广西特有植物分布

项目区特有植物包括国家特有和广西特有两种类型。为了凸显地方稀有性，笔者只分析广西特有植物，主要包括南烛厚壳桂、黑叶楠、香青藤、龙州凤仙花、网脉紫薇、蝴蝶藤、凤山秋海棠、茉叶雀梅藤、广西崖爬藤、三脉叶荚蒾、靖西海菜花等。广西特有植物的分布格局同国家保护濒危植物相似，也主要出现在项目区东侧、中间一带和西侧。

5. 恶性外来入侵植物分布

项目区外来入侵植物达 39 种，几乎遍布整个项目区。但有的入侵植物个体数量少，尚未显出危害性。为便于分析，选取了危害较大的入侵植物。即使这样，这些恶性外来植物分布也较广泛，集中在项目区 3 条河流两侧。与植被图叠加，会发现绝大多数恶性外来入侵植物分布在农田或人工林附近，说明人类活动直接或间接地导致了大量外来种的入侵。恶性外来入侵种主要包括土荆芥、藿香蓟、白花鬼针草、野茼蒿、飞机草、银胶菊、牛茄子、凤眼莲、大薸、肿柄菊等。

6. 植被类型分布

表 9-1 对各植被类型及其他用地进行了面积统计。从表 9-1 中可以看出，天然森林分布较破碎，主要出现在项目区西北部和南部；灌木林主要位于其龙河西岸，其龙河东岸和难滩河附近也有灌木林分布，但比较破碎；草丛和农业植被是项目区的主要植被类型。在各植被类型中，农业植被面积为 2 931.19 hm^2，占项目区总面积的 38.41%；其次为草丛，面积为 2 126.53 hm^2，占比为 28.87%；灌木林面积位于第三位，占比为 11.93%；而天然森林面积共 734.09 hm^2，占比为 9.78%。农业植被斑块数最多，平均斑块面积也最大；其次为草丛和喀斯特石山灌丛。天然森林中暖性落叶阔叶林平均斑块面积最大，为 8.21 hm^2，其地带性植被喀斯特石山常绿季雨林平均斑块面积仅为 2.54 hm^2，最小的为喀斯特石山落叶阔叶林，平均面积为 0.53 hm^2。

表 9-1 项目区植被类型分布

主要植被类型	斑块数 / 个	斑块总面积及其他用地 /hm^2	占比 /%	平均面积 /hm^2
农业植被	139	2 931.19	38.41	21.09
草丛	137	2 126.53	28.87	15.52
喀斯特石山灌丛	106	881.97	11.93	8.32
暖性落叶阔叶林	73	599.08	7.98	8.21
人工林	107	447.90	5.96	4.19
水域	45	197.97	2.64	4.40
居住地	127	133.77	1.78	1.05

续表

主要植被类型	斑块数 / 个	斑块总面积及其他用地 /hm^2	占比 /%	平均面积 /hm^2
喀斯特石山常绿季雨林	44	111.80	1.49	2.54
村旁植被	57	40.68	0.54	0.71
喀斯特石山常绿落叶阔叶混交林	7	21.63	0.29	3.09
酸性土灌丛	3	4.27	0.06	1.42
热性竹丛	4	2.82	0.04	0.71
喀斯特石山落叶阔叶林	3	1.58	0.02	0.53
总计	852	7 501.19	100.00	—

7. 人为活动分布

经调查，项目区目前未开展旅游活动。存在的人类活动主要为建设项目、农业种植、人工林、村镇建设、道路、水体污染、过度采集和放牧。建设项目有 3 处，其中一处为水电站，位于项目区北部个宝河上；另外两处是采石场，分别处于物种多样性较高和中等的区域。龙珠村西北部的采石场已停止采石，邦亮村附近的还在开采，但规模不大。农田和人工林占据了项目区近一半的面积，形状不规则，使天然植被的分布破碎化。主要粮食作物为水稻、红薯、玉米、豆类、荞麦等，主要经济作物是花生、烟叶、甘蔗等。人工林主要是马尾松林、杉木林、任豆林、桉树林、八角林、香椿林、茶林、芒果林、柑橘林等。村镇主要沿河流两侧分布，壬庄乡位于保护区两个片区之间，即壬庄河谷内。分布有 3 条县级道路、1 条边防通道和若干村级路。县级道路为柏油路，车流量较大；边防通道用于边防巡护用，少民用；村级路基本上是碎石路，车流量相对较小。水体污染主要集中在其龙河其龙村附近、个宝河个宝壬庄乡驻地附近和大兴村附近，水体已呈深绿色，污染源主要是当地居民生活污水和农药、化肥的使用。另有一处，即龙珠村附近河段，由于砍伐树木致使水土流失较严重，导致河道被泥石流填埋、水道很窄、水量很小。过度采集主要出现在邦亮村靠近保护区一带，放牧点主要位于河流两侧平缓处。

9.1.4 设计范围

将上述指标的分布区进行叠加，具体见表 9-2。

表 9-2 项目区生物多样性指标分布

指标	其龙河附近	西北部	龙井村附近	邦亮村一带	壬庄河谷周边山地	个宝河两侧	难滩河附近
物种多样性	√	√	√				
国家重点保护动物				√			
国家重点保护及濒危植物	√		√		√		√
广西特有植物	√		√		√		√
恶性外来入侵植物	√			√		√	√
天然林	√	√	√				√
人为活动	水体污染、放牧、村镇建设	河道淤积、废弃采石场、村镇建设	放牧	偷猎、放牧、过度采集、农业种植	水体污染、农业种植、村镇建设	水体污染、放牧、采石、农业种植	水体污染、放牧、农业种植

其龙河附近区域不仅分布着较大面积的灌木林，而且具有较高的生物多样性，分布着国家重点保护物种和广西特有物种，划入廊道建设范围内。项目区北部分布着较大面积的喀斯特森林和较多的物种种类。虽然在保护物种或特有种水平上重要性不显著，但考虑其生境较好，物种多样性较高，也划入廊道建设范围。龙井村附近区域在连接两个保护区的两个片区上有重要意

义，在建设中越边喀斯特森林区域分布的完整性上有重要价值。该区域拥有较大面积的天然林和草坡，分布着一定数量的保护和特有物种，划入廊道建设范围。邦亮村一带在物种多样性的意义上不突出，天然植被呈斑块分布，分布着一些外来入侵植物，而且人为破坏活动较大。但是该地段在生物区位上占有关键的位置，和龙井村相似。尽管从我国角度出发，该片短期内不适宜建设廊道，但从中越区域角度考虑，将其列入廊道建设范围内不仅对保护区建设，而且对国际生物多样性保护都有重要贡献，因此将其纳入廊道建设范围内。对其进行建设时除了必要的生态措施外，还要加强社会经济措施的实施。壬庄河谷周边山地和难滩河附近在植物保护中作用显著，纳入廊道建设范围。

9.1.5 结构参数

依据 Forman 等（1986）的分类，生态廊道包括 3 种基本类型：线状生态廊道（Linear Corridor）、带状生态廊道（Strip Corridor）和河流廊道（Stream Corridor）。线状生态廊道是指全部由边缘种占优势的狭长条带；带状生态廊道是指有较丰富内部种的较宽条带；河流廊道是指河流两侧与环境基质相区别的带状植被，又称滨水植被带或缓冲带（Buffer Strip）。根据项目区动植物区系组成与生态特点、廊道设计目标，本项目区设计的生物多样性保护廊道需要一定的宽度，属于带状廊道。具有一定宽度的廊道既能保护内部种，也能保护边缘种。只不过边缘种是在宽度略增加时即迅速增加，而内部种则当宽度增加到相当宽度时才会迅速增加。此外，边缘种在增加到一定数量后会逐渐趋于稳定，而内部种会随着廊道宽度的增加保持增加趋势。除了带状廊道，该项目还要涉及河流廊道的建设。为了更好地体现河流廊道的建设特点，本书将此类型廊道称作滨水植被带廊道。

1. 宽度设计

1）带状廊道宽度

带状廊道主要保护项目区残存的天然森林、灌木林和部分草地，以及栖息于内的动物多样性。不同的生物适宜廊道宽度不同（表 9-3）。

表 9-3　不同目标生物种廊道宽度的适宜值

宽度 /m	功能及特点
12～60	维持草本植物多样性的宽度
30～200	维持乔木多样性，促进种子扩散
3～30	该宽度基本满足保护无脊椎动物种群，小于 30 m 可降低无脊椎动物被捕食的风险
12～30	对鸟类来说，12 m 是区别线状和带状廊道的宽度阈值。该宽度可包含鸟类多数的边缘种，可满足鸟类迁徙；保护无脊椎动物种群和小型哺乳动物
30～60	含有较多鸟类边缘种；基本满足动物迁徙和生物多样性保护功能；保护两栖、爬行和小型哺乳动物
60/80～100	对鸟类来说，具有较大的多样性和较多的内部种；保护小型哺乳动物
100～500	保护鸟类和生物多样性较为合适的宽度
≥600～1 200	含有较多鸟类内部种；能够满足中等及大型哺乳动物的迁徙；能创造自然的、物种丰富的景观结构

资料来源：达良俊等（2010）、滕明君等（2010）、朱强等（2005）。

项目区目前已发现的陆栖脊椎动物有 103 种，其中两栖类和爬行类各为 8 种，鸟类 80 种，哺乳类 7 种。鸟类是项目区陆栖脊椎动物的主要组成部分。哺乳动物主要是树鼩和啮齿目动物，都为小型种，未发现中大型哺乳动物。但邦亮保护区中分布有中大型哺乳动物，包括灵长类、食肉目和偶蹄目动物。廊道区的建设也应考虑为保护区动物的扩散和迁移提供通道。保护区内的中大型哺乳动物基本分布在核心区中南部，因此两片保护区片区间的廊道宽度应较宽。

除了生物因素，影响廊道宽度的另一个最重要因子是人类的活动。陆地廊道尽量避免人工种植的经济林、农田、道路和项目建设点，在这些地段适度减少廊道宽度。

综上所述，规划陆地廊道宽度为 230～1 850 m。

2）滨水植被带廊道宽度

一定的滨水植被带宽度可以吸附、滞留、分解等方式有效地过滤地表营养元素流入河流对水体造成的污染。其宽度值应视保护目标、植被情况、廊道功能、周围土地利用类型、廊道长度等而定。研究表明，10～20 m 宽可以保护鱼类；30 m 的宽度在降低气温、防止水土流失、控制养分、增加多样化的生境、增强低级河流河岸稳定方面作用较显著；而宽度为 80～100 m 时，可以有效地控制沉积物和土壤元素的流失。美国各级政府和组织规定的宽度为 20～200 m 不等。

笔者在确定项目区滨水植被带廊道宽度时主要考虑以下因素：河流功能、周边土地利用类型、地形、人为活动等。该项目中滨水植被带建立在目前污染或泥土淤积的河段。为了减少或消除农药、化肥以及人为活动的影响，植被带应加宽。该廊道的主要生态功能是减少沉积物、防止水土流失，过滤污染物、净化水质，兼顾保护生物多样性。借鉴相关研究与经验，确定滨水河流植被带廊道的宽度为 30～50 m（图 9-2）。

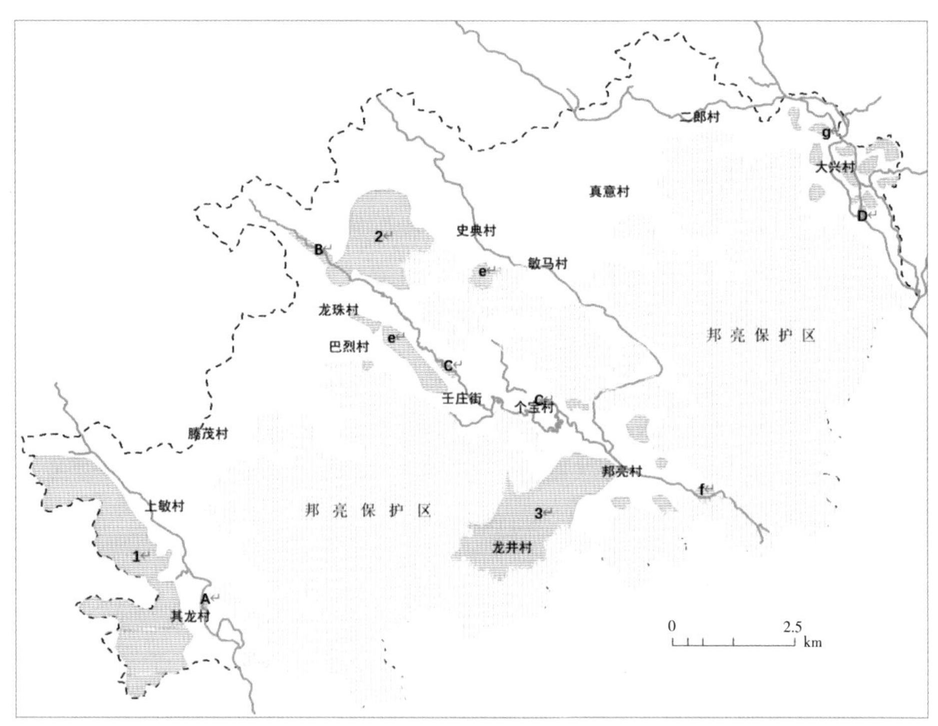

（其中虚线为一期项目范围、实线为河流、竖线区域为保护区、横线区域为廊道区；1：带状廊道上敏其龙段，2：带状廊道龙珠史典段，3：带状廊道龙井段；A：滨水植被带其龙段，B：滨水植被带龙珠段，C：滨水植被带壬庄段，D：滨水植被带大兴段；e：脚踏石簇丛壬庄片，f：脚踏石簇丛邦亮片，g：脚踏石簇丛大兴片）

图 9-2 项目区生物多样性保护廊道分布

2. 连接度和曲度设计

连接度和曲度是指廊道上各点的连接程度。由于该项目的滨水植被带廊道依河流自然流向而建，因此该类型廊道在此不予以讨论。

带状廊道主要沿天然植被和地形走向分布，确保自然连接与过渡。廊道内有的地段生境质量较低，存在退化或受破坏的现象；有的地段会有村级路通过。这些因素都降低了廊道的连通性。在生境退化的地段，通过人工造林等方式来改善，逐步发挥其生物多样性保护功能。在道路通过的地段，设计时需优先考虑环境遮蔽和物种穿越的能力。需要在道路两侧人工种植植被，而且是乔、灌、草复合结构，优先考虑该区域自然植被中的优势种和乡土物种。人工种植必须与周边的林地、草地或河岸环境相协调，产生自然的生态背景环境，吸引生物迁移或生存其中。由于廊道涉及的是村级路，路面不宽，一般为 3~5 m，行人流量较小，机动车很少，故笔者认为不需要修建过路桥和涵洞等，但需对路面进行一定的“修饰”。首先在该段路段起止处竖立两块标牌，标明其位于廊道建设范围内，提醒路人通行时尽量保持安静、车辆减速、禁止鸣笛等。其次定期对路面进行“改善”，使其更加自然，如添置碎石等。最后，在路面上散撒动物粪诱导其通行。

为了增加廊道间的连接度，可以在适宜地段设置“脚踏石”。“脚踏石”的选取需满足以下几个条件：保护带状廊道中未能包含的重点保护物种或濒危物种种群；保护未纳入带状廊道中的较好生境斑块；彼此之间的距离或与廊道、保护区的距离在动物可感受的范围内。

9.1.6 设计结果

1. 廊道区

廊道建设分为 3 种类型：带状廊道、滨水植被带和脚踏石簇丛。每片廊道的分布、面积、主要生态功能和优先建设顺序见表 9-4 和图 9-2。

表 9-4 项目区廊道建设类型

廊道类型	廊道名称	主要生态功能	面积 /hm²	优先性
带状廊道	①上敏其龙	保护生物多样性	536.5	Ⅱ
	②龙珠史典	保护生物多样性，增加保护区连接度	255.5	Ⅲ
	③龙井段	保护生物多样性，增加保护区连接度，增加中越边境物种交流	375.3	Ⅰ
滨水植被带	①其龙段	净化水质	4.1	Ⅲ
	②龙珠段	防止水土流失	18.6	Ⅲ
	③壬庄段	净化水质	4.4	Ⅲ
	④大兴段	净化水质	4.1	Ⅲ
脚踏石簇丛	①壬庄片	保护濒危物种，增加与保护区、与带状廊道的连接度	102.9	Ⅲ
	②邦亮片	保护物种，保护良好的生境斑块，增加保护区连接度，增加中越边境物种交流	54.1	Ⅰ
	③大兴片	保护濒危物种，保护残存的天然植被	92.6	Ⅲ
合计	—	—	1 448.1	—

注：Ⅰ表示在时间安排上最优先进行的地区，Ⅱ为其次，Ⅲ为再次实施的地区。

2. 外围缓冲带

外围缓冲带位于以上各类型廊道的外围和保护区外围（位于国界线的廊道不再区划缓冲带），属于资源的可持续利用区域。在兼顾保护的同时，考虑社会经济发展。

9.1.7 廊道建设内容

1. 带状廊道

1）设置标牌

在廊道周边设置标牌，表明廊道范围、功能、管护措施等。文字需通俗易懂。

2）自然恢复

自然恢复的地段指那些其中或周围已有乔木等幼苗生长或萌生的地方，人为活动一旦停止，群落可以向顶级群落演替。目前这些地段的植被类型以暖性灌丛为主。

3）人工恢复

在适宜地段开展人工造林，包括村寨附近、灌丛、草地等，主要推荐以下树种：无花果、任豆、茶条木、苏木、无患子、榅树、伊桐、肥牛树、南酸枣等。造林方式包括直播造林和移苗造林。两种方式的穴距为 200 cm。直播造林播种穴松土深度 10～15 cm，覆土厚度 3～4 cm，小粒种子每穴 4～5 粒，大粒种子每穴 2 粒。移苗造林定植坑深 25～40 cm；裸根苗截干高度 1.1～1.5 m，保留少量叶片或全部去除叶片，袋装苗则带土移植，仅保留原来叶片的 1/3～1/2。每年抚育 1～2 次，主要是小范围清杂和培土等，即割除影响补种树种生长的灌草植物，在雨水冲刷较严重的地段对补种树种进行培土等。基肥每公顷约 500 kg（有条件可施用有机肥），以后每年结合抚育追肥 1 次，连追 2 年，施肥量 300 kg/hm^2。补种 7 天、14 天后分别检查成活率，未成活必须进行补苗，保证成活率达到 95% 以上。造林后注意防止病虫害、人畜破坏和森林火灾。

4）生态农田建设

农田是一些动物的重要生境，如鸟类。为了使廊道保持最大的连接度和包含不同的生境，小部分农田不可避免地被划入建设范围内。建设过程中尽量增加农田的自然性。可在农田周边适当间距种植灌木、小型乔木等，提高农田植物群落的层次性和多样性。

5）控制外来入侵植物

项目区外来入侵植物分布较普遍，需去除或控制廊道内恶性入侵植物。加强对人工造林用种子、苗木和其他繁殖材料的检疫管理。认真做好森林植物检疫工作，有效防止内部传播蔓延。定期组织对外来入侵种分布和危害的普查，及时发现和掌握情况；积极寻找针对外来入侵种的识别、防治技术，以有效遏制外来入侵种的蔓延，降低其危害。可以根据实际情况，在苗期、开花期、成结实期等生长关键时期，采取人工拔除、机械铲除、喷施适度的绿色药剂，以及经过论证的释放天敌等措施。

2. 滨水植被带廊道

首先，在廊道周边设置标牌，内容同带状廊道部分；其次，营造滨水植被带。根据河流沿岸实际地形，结合与两岸稻田、菜园的位置关系和现有植被特点，在沿岸补种适合当地生长的植物，以达到护岸固提、涵养水源、优化动物生境和丰富生物多样性的目的。

1）建设技术要点

对于河道自身有一定坡度且对防洪要求较高的河段，植被带的构建模式将采用自然型驳岸式河流廊道，即在保持自然原型河岸的基础上，采取生态型人工措施补充和重植新的植被，在增强堤岸抗洪能力的同时发挥此类廊道调节洪水、过滤污染物、防止水土流失、保护生物多样性等多种生态功能。对于不坚固的河段部分采用天然石材、木材护底，其上筑有一定坡度的土堤，斜坡种植植被，实行乔灌草相结合，固堤护岸，然后种植乔木以及草、灌、乔结合的混交紧密林带。

2）建设模式

水平构建模式：从河流水面→沉水植被→挺水植被→石头或树桩护堤（石笼、树桩、浆砌石块）→湿生草甸→灌草地→少行乔木林→攀援植被→多行乔木林带。

垂直构建模式构建为混交紧密型林带，设计为 3 层：

上层：大乔木，高度＞10 m，郁闭度为 75%～85%，包括大叶水榕、高山榕、构树、水东哥、秋枫、海南菜豆树、斜叶榕、金丝李、木蝴蝶、野柿、石山柿等。

中层：耐荫小乔木、大灌木，高度为3～8 m，另植攀援植物，郁闭度为35%～45%，其中小乔木包括南酸枣、苹婆树、岩樟、董棕、滇刺枣、毛脉枣等；大灌木包括细齿紫麻、水锦树、贞桐、尖子木、密花树、铁屎米、广西密花树、红被山麻杆、番石榴、八角枫、石岩枫等；攀援植物包括龙须藤、崖爬藤、微花藤、海金沙、短序栝楼、广西崖爬藤、老虎刺、柔毛网脉崖爬藤、垂盆草等。

下层：河面浅水植被、河岸湿生植被以及远岸耐荫地被，覆盖度为90%～95%，湿生草本可选种包括菹草、金鱼藻、水车前、花叶芦竹、菰、鸭舌草、芦苇、五节芒、蔓生莠竹；小灌木包括小构树、牡荆、长叶苎麻、水麻、山石榴、鼠刺、杨梅叶蚊母树、黄荆、云香竹等；远岸耐荫草本包括肾蕨、铁芒萁、荩草、邦亮秋海棠、石苣苔、宽叶沿阶草、斑茅等。详见表9-5。

表9-5　廊道项目区滨水植被带廊道建设植物配置结构

<table>
<tr><th colspan="2" rowspan="2">垂直结构</th><th colspan="3">水平结构</th></tr>
<tr><th>近岸耐水带</th><th>耐湿过渡带</th><th>远水耐旱带</th></tr>
<tr><td>上层</td><td>大乔木</td><td>大叶水榕、高山榕、构树、水东哥、枫杨</td><td>秋枫、海南菜豆树、斜叶榕、湿地松</td><td>金丝李、木蝴蝶、野柿、石山柿、大苞藤黄</td></tr>
<tr><td rowspan="3">中层</td><td>小乔木</td><td>南酸枣、水石榕</td><td>南酸枣、董棕、岩樟</td><td>滇刺枣、毛脉枣</td></tr>
<tr><td>大灌木</td><td>细齿紫麻</td><td>水锦树、贞桐、尖子木、密花树</td><td>铁屎米、广西密花树、红被山麻杆、番石榴、八角枫、石岩枫</td></tr>
<tr><td>攀援植物</td><td>龙须藤、崖爬藤</td><td>微花藤、海金沙、短序栝楼、广西崖爬藤</td><td>老虎刺、柔毛网脉崖爬藤、垂盆草</td></tr>
<tr><td rowspan="4">下层</td><td rowspan="2">湿生草本</td><td>沉水：菹草、金鱼藻、水车前</td><td rowspan="2">芦苇、五节芒、蔓生莠竹</td><td rowspan="2"></td></tr>
<tr><td>挺水：花叶芦竹、菰、鸭舌草</td></tr>
<tr><td>远岸耐荫草本</td><td></td><td>肾蕨、铁芒萁、荩草</td><td>邦亮秋海棠、石苣苔、宽叶沿阶草、斑茅</td></tr>
<tr><td>小灌木</td><td>小构树、牡荆</td><td>长叶苎麻、水麻、山石榴、鼠刺、杨梅叶蚊母树</td><td>黄荆、云香竹</td></tr>
</table>

3. 脚踏石

脚踏石主要分布在带状廊道不能覆盖的、有保护植物物种生存的地带。在脚踏石周边设置标牌，注明主要保护对象、范围、与周边廊道或保护区或其他脚踏石的关系、保护方式等。

在适宜地段进行植被恢复，内容同带状廊道部分。

4. 重点建设区域

靖西生物多样性保护廊道是曹邦（越南）—广西（中国）跨境生物多样性保护廊道的一部分，后者的长期目标是修复与维护越南曹邦和广西（靖西市）的森林以及长臂猿栖息地的生态完整性。因此从区域角度讲，带状廊道龙井村一带和邦亮脚踏石簇丛的建设将是近期该项目区廊道建设的重点。因为该片区廊道的南部是邦亮保护区，保护区南部紧邻越南目前保护很好的森林。廊道建设得好就会使良好的森林植被连接成片，扩大生物多样性栖息地。廊道建设是否取得成效的一个最终检验指标是东黑冠长臂猿是否栖息于内。因为目前发现该物种仅生存在中越边境这片森林中，它是森林指示种，其存在表明森林植被组成复杂、所处生态系统稳定。

该重点建设区域的廊道建设内容包括带状廊道的自然封育和人工植被恢复、脚踏石建设、滨水植被带恢复、农田建设、清除和控制外来入侵种。同步地，需要保护区对该片区的实验区和缓冲区实施天然植被恢复和人工造林。

5. 管护措施

1）野外巡护

定期对廊道区及周边进行野外巡护，巡护内容包括：①生物种类、种群状况及其分布点；②植物群落组成与结构；③造林植物生长状况；④人类活动类型、强度和分布；⑤河流环境状况。

在廊道建设初期，需要加大巡护力度，确保项目有序顺利地进行。

2）监测与评估

监测与评估工作是廊道建设必不可少的工作。需要定期跟踪项目进展状况，评估效果，为下一步的建设提供科学依据。主要对两个方面的工作进行监测，一是项目实施情况，二是廊道建设的影响效果。近期检验指标是物种多样性及种群大小，社区及其他利益相关群体对廊道的态度和支持度等。

3）跨界合作

靖西生物多样性廊道与越南生物多样性廊道建设同属一个大项目，符合生物地理分布，因此中国境内的廊道建设需与越南方进行合作，最好做到同步进行，以便有效地保护该地区独特的喀斯特生态系统和生物多样性。不同层次的合作方式有别，具体见表 9-6。

表 9-6　生物多样性保护廊道跨界合作水平

合作水平	特征
合作	交流互访（每年 1 次）
	至少每年举行 1 次会议
	在至少 1 项行动中积极合作，有时对规划进行协调并在采取行动前相互进行磋商
规划协调	两地经常联系，在某些领域（尤其是规划）协调行动
	在至少 3 项行动中一起工作，定期举行会议，发生突然事件时互相通报
	协调规划，将整个地区当成一个生态单元
完全合作	两地的规划完全成为一个整体，而且是基于生态系统的，并具有默契的联合决策和共同目标
	有时进行联合管理，并在至少 4 项行动中有合作
	有一个指导机构对两地工作提出意见

合作活动可以包括监测合作（采用相同的监测方法、手段与步骤）、人员培训（在有的方面，如野外调查，接受统一培训）、植被恢复、控制外来有害生物入侵等。

4）联合管理

廊道建设中除了加强生态生物方面的监测与管理外，还有一项极为重要的措施是消除或减缓威胁的存在。有的威胁来自社区的发展活动。因此保护区需要从社区发展的角度入手，通过不同部门的联合管理活动，达到保护的目的。

首先联合一切可以联合的力量，开展多部门的合作与共管。成立联合管理委员会，形成联合管理机制，制订具体的共同合作方案。

廊道建设中需社区的参与与保护，包括参与廊道建设、参与巡护与监测等。选择一些村屯设立乡村滚动资金或小额赠款计划，帮助当地居民从事其他生产活动。在资金的运转中，逐步减少外来人员的参与，提高社区居民使用和管理的能力，最终实现资金的自我管理和运行。

联合农业部门、林业部门，对廊道范围内及周边农田进行技术改造，为农户提供对口的技术支援，如种植业和养殖业的技能培训，传授栽培技术、病虫害防治技术、改造技术，推广种植新技术等；大力提倡生态农业建设，控制生产规模，减少农药、化肥的使用，留出一定的地带进行植被恢复；对生活能源改造，推广节柴灶，修建沼气池等。

联合环境部门、自然资源部门加大建设项目对生态多样性影响的监督力度。

联合水利部门维修当地水利设施等。

联合卫生部门改善社区卫生环境，安装太阳能热水器；联系当地卫生院或医院到社区巡诊，提高当地医务人员技术水平，增加社区医疗设施等。

联合扶贫、乡村振兴部门，对外出劳务人员进行技能培训，提供多种就业渠道。

联合教育部门，对当地中小学及成人进行环境教育。

联合执法部门，对当地的盗猎活动予以打击。

除与各政府部门合作，廊道管理机构还应积极与国际保护组织、新闻媒体、公司企业等进行合作。借助社会的力量，实现该区域生物多样性和生态环境的保护，实现地区生态、社会、经济的协调发展。

9.2 自然保护区间的廊道设计

9.2.1 设计方法

自然保护区间的廊道设计基于潜在栖息生境法和广西壮族自治区特有物种分布。

1. 目标物种的选择

根据国家重点保护野生动植物名录、IUCN红色物种名录、中国物种红色名录、特有种等，选择118种野生动物和165种野生植物作为目标物种。其中国家Ⅰ级重点保护野生动物11种，国家Ⅱ级重点保护野生动物75种；IUCN极危物种5种，IUCN濒危物种9种；我国红色物种名录极危物种10种、濒危物种31种；广西壮族自治区特有种4种。国家Ⅰ级重点保护野生植物5种，国家Ⅱ级重点保护野生植物23种；IUCN极危物种39种，IUCN濒危物种32种；我国红色物种名录极危物种38种、濒危物种96种；广西壮族自治区特有种52种。

根据相关文献制定物种选择标准，划分优先保护级别：优先保护一级为国家Ⅰ级且极危、濒危，优先保护二级为国家Ⅱ级且极危、濒危，优先保护三级为其他物种。目标物种中有20种为优先保护一级物种，17种为优先保护二级物种，246种为优先保护三级物种。

2. 栖息地评价

栖息地数据来源于已发表物种的相关文章、自然保护区科学考察报告、已出版的各类别动物和植物专著等，结合专家意见，确定目标物种主要分布区、栖息地类型和海拔范围。

栖息地评价过程中，以DEM为底图，在ArcGIS中使用reclass来提取海拔高程数据。以自然保护区野外调查及全区森林资源调查为补充点，提取并核实项目区中巴资源卫星卫片植被类型，将其分为森林、灌丛、草丛、水域、农田等，并通过 ArcGIS 的 conversion 工具矢量化为栅格数据。

根据目标物种分布的市、县、区进行栖息地类型、海拔分布范围要素的提取，然后叠加各要素，在 ArcGIS 统计工具中用 math 进行栖息地分布区计算。依此结果，使用 ArcGIS 空间分析模块中的重分类提取每一目标物种的栖息地，有分布区赋值为 1，无分布区赋值为 0；使用栅格计算工具对上述 2 个栖息地要素分布图进行乘法运算，取值为 1 的区域作为该物种的栖息地分布区，取值为 0 的区域为非栖息地分布区。根据物种相关研究结果进行适当修正，最终输出栖息地分布数据。

3. 优先区域评价

运用 MARXAN 模型来确定项目区生物多样性保护优先区域。该模型运算使用集水区作为规划单元，原因是集水区内部因小气候相似而成就了单元内相似的生态因子，使各集水区内部比传统的正多边形规划单元具有更大的自然相似性。使用 ArcGIS 空间分析模块水文子模块下集水盆地工具划分项目区集水区，结合湿地调查最新水系图对其提取结果进行修正，得到 1 537 个集水区作为规划单元。

将保护优先区在满足物种保护目标条件下的总面积最小作为规划约束条件，使用空间分析模块下的区域子模块统计每个目标物种在每个规划单元中的栖息地分布面积，构建物种分布矩阵（将 Excel 表数据保存为记事本格式）。保护目标要求规划后一级、二级、三级优先保护物种分别占各自适宜栖息地总面积的 60%、40%、30%。

使用插件 MARXAN BOUNDARY ADDIN，迭代运算 100 次，得到规划单元不可替代和规划单元组合的最优解。通过运算不可替代性可以得到所有规划单元的保护优先性序列，便于划分每个规划单元的保护级别。通过不断调整模型边界修正值来分析边界的总长度和总面积的关系，权衡二者，寻找更为合理的保护优先区空间分布模式。

该类廊道设计的规划单位为集水区单元，主要依据地形水文等生成，因此在衡量每一个规划单元经济成本时以土地面积大小为指标。

4. 廊道范围的确定

通过 MARXAN 模型，得到项目区生物多样性分布的优先区，即生物多样性分布高和较高的区域，结合自然保护区、生物多样性一般区域的分布，确定廊道的规划范围。

5. 广西壮族自治区特有种分布

项目区分布有广西壮族自治区特有动物物种颊鳞异条鳅、靖西云南鳅、横纹南鳅、棱似鲴、靖西金线鲃、大眼卷口鱼、圆体爬岩鳅、小吻鰕虎鱼、弄岗纤树蛙、弄岗狭口蛙、广西林蛇、白头叶猴等 12 种，其适宜生境类型见表 9-7。项目区所在的桂西南喀斯特地区为广西三大植物特有现象中心之一，特有植物富集。据统计，广西壮族自治区特有植物有 122 种，隶属 49 科 75 属，种类较多的科为苦苣苔科、茜草科、爵床科、秋海棠科，详见表 9-8，特有植物以喀斯特石山种类居多。在 MARXAN 模型确定廊道范围的基础上考虑广西特有物种分布。

表 9-7　项目区广西特有动物适宜生境类型

特有动物	适宜生境	特有动物	适宜生境
颊鳞异条鳅	喀斯特溶洞地下河中	靖西云南鳅	洞穴鱼类
横纹南鳅	栖息于多水草的缓流河段，砾石底河段也有少量分布	棱似鲴	水流较缓慢的小水体中
靖西金线鲃	洞穴鱼类	大眼卷口鱼	栖息于水质清澈的砾石水体中
圆体爬岩鳅	栖息地水文条件较好的水体中	小吻鰕虎鱼	底层小型鱼类，栖息于多砂石的溪流中
弄岗纤树蛙	200～500 m 的喀斯特山地常绿阔叶林内	弄岗狭口蛙	150～200 m 喀斯特山地的次生阔叶林及附近耕地
广西林蛇	桂西南喀斯特灌丛中	白头叶猴	喀斯特地貌，灌丛、森林

表 9-8 项目区广西特有植物基本情况统计

科名	中文名	性状	分布区限	科名	中文名	性状	分布区限
鳞毛蕨科	广西耳蕨	草本	那坡	夹竹桃科	广西同心结	藤本	德保、那坡、凌云、河池、东兰、龙州
八角科	地枫皮	木本	桂西南	茜草科	方鼎蛇根草	草本	那坡
	短梗八角	木本	融水、龙胜、防城、上思、那坡、罗城、金秀		老山蛇根草	草本	那坡、田林
樟科	南烛厚壳桂	木本	靖西、龙州、天等		红脉蛇根草	草本	那坡
	蜂窝木姜子	木本	武鸣、龙州		红花螺序草	草本	龙州
	黑叶楠	木本	田阳、德保、靖西、大新		心叶螺序草	草本	那坡、龙州
青藤科	香青藤	藤本	宁明、龙州、靖西		长苞螺序草	草本	隆安、那坡、东兰
防己科	弄岗轮环藤	藤本	龙州		长梗螺序草	草本	龙州、大新
	小花地不容	藤本	龙州		龙州螺序草	草本	龙州
马兜铃科	凹脉马兜铃	藤本	龙州、大新		紫花螺序草	草本	龙州、大新
凤仙花科	棱茎凤仙花	草本	龙州		匙叶螺序草	草本	宁明
	裂萼凤仙花	草本	那坡		广西水锦树	木本	那坡
	龙州凤仙花	草本	龙州、大新、宁明		密花水锦树	木本	上思、龙州

续表

科名	中文名	性状	分布区限
千屈菜科	网脉紫薇	木本	武鸣、靖西、扶绥、龙州、大新
瑞香科	长锥序荛花	木本	靖西、龙州
天料木科	窄叶天料木	木本	龙州
西番莲科	蝴蝶藤	藤本	武鸣、阳朔、贵港、乐业、来宾、桂南、桂西南、桂西
葫芦科	扁果绞股蓝	藤本	龙州、大新
	广西绞股蓝	藤本	靖西、龙州、大新
秋海棠科	凤山秋海棠	草本	靖西、那坡、凤山
	柱果秋海棠	草本	龙州
	龙州秋海棠	草本	龙州
	宁明秋海棠	草本	崇左、宁明、龙州
	鸟叶秋海棠	草本	宁明
	假大新秋海棠	草本	大新

科名	中文名	性状	分布区限
茜草科	龙州水锦树	木本	靖西、龙州
忍冬科	三脉叶荚蒾	木本	武鸣、桂林、田阳、靖西、凤山、东兰、环江、都安、大新
菊科	绢叶异裂菊	草本	阳朔、龙州
	异裂菊	草本	环江、龙州
	广西斑鸠菊	木本	临桂、平果、那坡、凤山、环江、都安、龙州、大新
报春花科	邕宁香草	草本	邕宁、龙州、大新
	垂花香草	草本	百色、田阳、那坡
	葶花香草	草本	宁明、龙州
	广西报春	草本	那坡
玄参科	茎花来江藤	藤本	靖西、那坡、龙州、大新、天等
苦苣苔科	肥牛草	草本	上思、宁明、龙州、凭祥
	疏花唇柱苣苔	草本	凌云、防城、龙州、宁明

续表

科名	中文名	性状	分布区限	科名	中文名	性状	分布区限
秋海棠科	多花秋海棠	草本	龙州	苦苣苔科	弄岗唇柱苣苔	草本	龙州、大新、天等
山茶科	薄叶金花茶	木本	龙州、凭祥		微斑唇柱苣苔	草本	龙州、天等
	凹脉金花茶	木本	龙州、大新		那坡唇柱苣苔	草本	那坡
野牡丹科	丽萼熊巴掌	草本	龙州、大新		尖萼唇柱苣苔	草本	龙州
梧桐科	广西火桐	木本	靖西、那坡、崇左		文采唇柱苣苔	草本	龙州
大戟科	鸡尾木	木本	桂西南、桂西		长檐苣苔	草本	那坡
	龙州珠子木	木本	百色、德保、龙州		弄岗半蒴苣苔	草本	龙州
	弄岗珠子木	木本	龙州		龙州半蒴苣苔	草本	隆安、靖西、龙州
	圆叶珠子木	木本	靖西、龙州		长圆吊石苣苔	草本	隆安、靖西、那坡、龙州
蔷薇科	密花火棘	木本	那坡、隆林		棒萼蛛毛苣苔	草本	那坡
	耳叶悬钩子	藤本	武鸣、马山、上林、融水、防城、上思、那坡、金秀		垂花蛛毛苣苔	草本	那坡
苏木科	绸缎藤	藤本	龙州		粉绿异裂苣苔	草本	靖西、都安
榛木科	毛果铁木	木本	那坡	爵床科	龙州恋岩花	草本	龙州
桑科	那坡榕	木本	那坡		广西裸柱草	草本	宁明、龙州
荨麻科	那坡楼梯草	草本	那坡		矮裸柱草	草本	宁明、龙州、大新

续表

科名	中文名	性状	分布区限
荨麻科	变黄楼梯草	草本	龙州
	基心叶冷水花	草本	上林、柳城、河池、都安、宜州、环江、龙州、大新
	啮蚀冷水花	草本	柳城、百色、德保、靖西、凌云、南丹、凤山、都安、扶绥、龙州、大新
卫矛科	密花美登木	木本	崇左、宁明、龙州、大新、凭祥
鼠李科	茶叶雀梅藤	木本	龙州、大新
胡颓子科	弄化胡颓子	木本	那坡
葡萄科	广西崖爬藤	藤本	那坡、河池、环江、都安、龙州
芸香科	弄岗黄皮	木本	宁明、龙州
	少花山小橘	木本	隆安、钦州、龙州
	大叶九里香	木本	龙州、大新

科名	中文名	性状	分布区限
爵床科	棱茎爵床	草本	马山、忻城、龙州
	桂南爵床	草本	隆安、崇左、扶绥、宁明、龙州、大新
	白脉爵床	草本	宁明、龙州
	锈背马蓝	草本	龙州
	弄岗马蓝	草本	龙州
	截头紫云菜	草本	那坡
马鞭草科	广西牡荆	木本	宁明、龙州
唇形科	刺萼假糙苏	草本	融水、兴安、龙胜、上思、金秀、龙州
水鳖科	靖西海菜花	草本	靖西
姜科	矮山姜	草本	武鸣、马山、上林、融水、龙胜、防城、上思、德保、那坡、田林、天峨、金秀

续表

科名	中文名	性状	分布区限
无患子科	茎花赤才	木本	龙州
	光叶茎花赤才	木本	龙州
胡桃科	龙州化香	木本	龙州
柿科	山榄叶柿	木本	田阳、德保、靖西、那坡、巴马、龙州、大新
山榄科	毛叶铁榄	木本	靖西、崇左、龙州、凭祥、大新
紫金牛科	肉茎紫金牛	木本	田东、那坡、宁明、龙州、大新
山矾科	少脉山矾	木本	靖西、龙州
木犀科	广西流苏树	木本	龙州
	白萼素馨	藤本	南宁、柳州、桂林、河池、来宾、崇左等地
	广西素馨	藤本	龙州
	长管素馨	藤本	龙州、大新
姜科	长花豆蔻	草本	龙州
	广西姜花	草本	那坡、东兰、龙州
百合科	长药蜘蛛抱蛋	草本	龙州
	糙果蜘蛛抱蛋	草本	那坡、罗城
	歪盾蜘蛛抱蛋	草本	宁明、龙州
	石山蜘蛛抱蛋	草本	隆安、龙州
	扁柄沿阶草	草本	龙州、大新
	长穗开口箭	草本	隆安、靖西、那坡、龙州
棕榈科	粗棕竹	木本	隆安、龙州
竹亚科	小方竹	木本	那坡、田林
	毛算盘竹	木本	桂南、龙州

9.2.2 设计结果

应用上述方法，BCI 二期项目区的生物多样性保护廊道的位置分布如图 9-3 所示。该廊道位于那坡、靖西、大新、龙州和天等 5 县（市），面积为 157 712.28 hm^2。每个县（市）涉及的廊道面积分别约为 6 648.89 hm^2、56 882.33 hm^2、16 421.38 hm^2、71 984.09 hm^2 和 5 777.58 hm^2。该廊道包括两种形式，分别是带状廊道与脚踏石廊道。其中前者包括 8 条，后者包括 9 块，其特征见表 9-9、表 9-10。

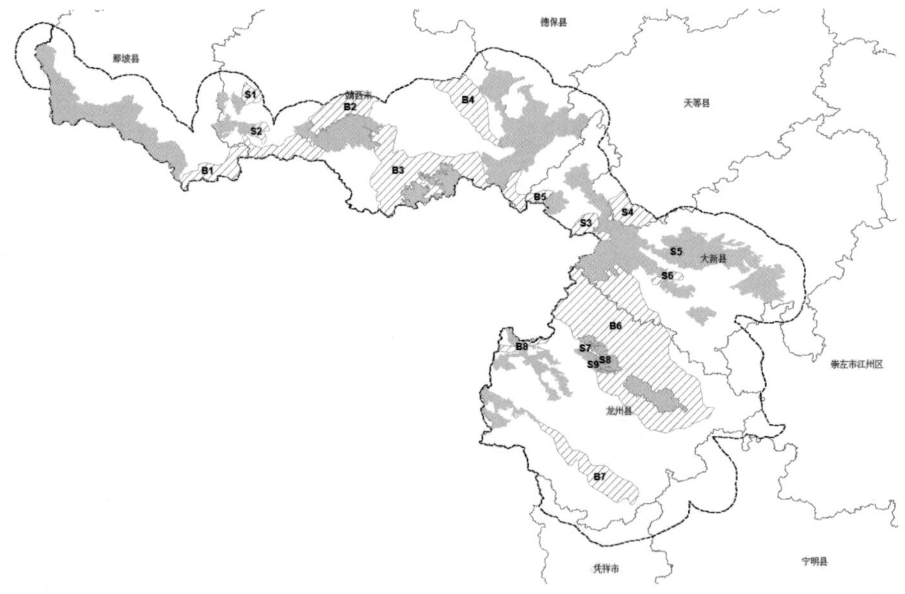

（其中虚线为二期项目范围、实线为区县界线、块状区域为自然保护区、斜线区域为廊道区；B 表示带状廊道，S 表示脚踏石廊道）

图 9-3 BCI 二期生物多样性保护廊道分布

表 9-9 生物多样性保护廊道物理特性一览表

编号	周长 /km	宽度范围 /m	面积 /hm^2	经纬度	所在县域
B1	104.25	2 104～7 540	13 747.83	105.869～106.204 E 22.918～23.046 N	靖西市、那坡县
B2	61.05	703～5 072	7 926.73	106.166～106.325 E 23.038～23.137 N	靖西市

续表

编号	周长 /km	宽度范围 /m	面积 /hm²	经纬度	所在县域
B3	221.93	1 612～23 428	25 529.35	106.305～106.584 E 22.856～23.068 N	靖西市
B4	56.99	1 477～7 196	9 995.76	106.453～106.608 E 23.015～23.183 N	靖西市
B5	44.56	1 340～4 193	4 495.21	106.609～106.728 E 22.867～22.965 N	靖西市、大新县
B6	186.44	2802～21 607	68 048.53	106.724～107.095 E 22.369～22.751 N	大新县、龙州县
B7	71.22	720～6 243	11 296.56	106.692～106.920 E 22.205～22.392 N	龙州县
B8	29.97	675～1 694	1 657.07	106.600～106.715 E 22.551～22.582 N	龙州县
S1	18.29	—	1 801.70	106.026～106.076 E 23.023～23.074 N	靖西市
S2	18.03	—	1 495.89	106.009～106.058 E 23.111～23.164 N	靖西市
S3	37.83	—	3 321.20	106.764～106.862 E 22.800～22.866 N	大新县
S4	41.02	—	5 777.58	106.850～106.965 E 22.831～22.917 N	天等县
S5	10.58	—	367.43	106.995～107.025 E 22.769～22.791 N	大新县
S6	18.99	—	1 244.26	106.952～107.025 E 22.703～22.733 N	大新县
S7	26.25	—	606.63	106.786～106.835 E 22.540～22.577 N	龙州县
S8	11.20	—	198.21	106.823～106.857 E 22.516～22.538 N	龙州县
S9	9.53	—	202.34	106.808～106.833 E 22.516～22.530 N	龙州县

注：宽度范围只统计带状廊道的宽度。

表 9-10　生物多样性保护廊道生态特征一览表

编号	公益林面积 /hm²		国有林面积 /hm²	湿地面积 /hm² 河流长度 /km	主要植被类型	主要物种
	国家级	地方级				
B1	6 348.35	1 186.91	179.83	0.00/4.89	以蚬木、金丝李为主的常绿阔叶林，以香椿、拟赤杨为主的阔叶林，枫香林，木荷林，任豆林，灰毛浆果楝、红背山麻杆灌丛，石山灌丛，竹林	广西火桐、蚬木、地枫皮、董棕、短叶黄杉、海伦兜兰、任豆，豹猫、大壁虎、猕猴、红隼、鼬獾
B2	3 587.57	697.31	—	0.00/2.01	马尾松林，任豆林，桦木林，灰毛浆果楝、红背山麻杆灌丛，石山灌丛	红隼、褐翅鸦鹃、大壁虎、蛇雕
B3	8 205.29	3 312.65	239.54	285.50/13.22	马尾松林，以蚬木、金丝李为主的常绿阔叶林，以香椿、拟赤杨为主的阔叶林，枫香林，桦木林，任豆林，灰毛浆果楝、红背山麻杆灌丛，石山灌丛，竹林	董棕、广西火桐、海南风吹楠、剑叶龙血树、桫椤，猕猴、大壁虎、豹猫、凤头鹰
B4	3 111.24	2 326.10	16.08	116.88/5.01	马尾松林，以蚬木、金丝李为主的常绿阔叶林，以香椿、拟赤杨为主的阔叶林，枫香林，任豆林，灰毛浆果楝、红背山麻杆灌丛，石山灌丛，竹林	短叶黄杉，凤头鹰、大壁虎、褐翅绢隼、红隼、猕猴
B5	2 052.75	575.35	1 356.39	—	马尾松林，以蚬木、金丝李为主的常绿阔叶林，以香椿、拟赤杨为主的阔叶林，灰毛浆果楝、红背山麻杆灌丛，石山灌丛，竹林	细痣瑶螈、豹猫、蛇雕、大壁虎、红隼、褐翅鸦鹃

续表

编号	公益林面积 /hm^2		国有林面积 /hm^2	湿地面积 /hm^2 河流长度 /km	主要植被类型	主要物种
	国家级	地方级				
B6	35 238.00	171.94	291.57	250.11/63.62	以蚬木、金丝李为主的常绿阔叶林，以香椿、拟赤杨为主的阔叶林，枫香林，樟树林，灰毛浆果楝、红背山麻杆灌丛，石山灌丛，竹林	蚬木、海南风吹楠、短叶黄杉、华南五针松、金丝李、石山苏铁、凹脉金花茶、海伦兜兰、还短椴、东京桐、紫荆木、剑叶龙血树，斑头鸺鹠、小鸦鹃、褐翅鸦鹃、豹猫、斑灵狸、凤头鹰、细痣瑶螈、赤腹鹰、猕猴
B7	3 131.63	785.37	552.70	109.72/20.34	以香椿、拟赤杨为主的阔叶林，枫香林，木荷林，任豆林，灰毛浆果楝、红背山麻杆灌丛，石山灌丛，竹林	东京桐，虎纹蛙、猕猴、褐翅鸦鹃、红隼
B8	513.62	—	—	24.67/6.37	以香椿、拟赤杨为主的阔叶林，枫香林，木荷林，灰毛浆果楝、红背山麻杆灌丛，石山灌丛，竹林	豹猫、褐翅鸦鹃、虎纹蛙、小鸦鹃、黑鸢
S1	804.92	224.83	—	—	以蚬木、金丝李为主的常绿阔叶林，以香椿、拟赤杨为主的阔叶林，石山灌丛	猕猴、豹猫、大壁虎、小鸦鹃
S2	822.65	401.36	—	—	以蚬木、金丝李为主的常绿阔叶林，以香椿、拟赤杨为主的阔叶林，灰毛浆果楝、红背山麻杆灌丛，石山灌丛	大壁虎、猕猴、斑灵狸、豹猫

续表

编号	公益林面积 /hm^2		国有林面积 /hm^2	湿地面积 /hm^2 河流长度 /km	主要植被类型	主要物种
	国家级	地方级				
S3	2 037.47	—	—	60.07/0.00	以蚬木、金丝李为主的常绿阔叶林，以香椿、拟赤杨为主的阔叶林，枫香林，石山灌丛，竹林	广西火桐，原鸡、红隼、猕猴、大壁虎
S4	4 575.60	—	—	0.00/7.72	以蚬木、金丝李为主的常绿阔叶林，以香椿、拟赤杨为主的阔叶林，枫香林，灰毛浆果楝、红背山麻杆灌丛，石山灌丛	石山苏铁，猕猴、斑灵狸、蛇雕、原鸡、红隼
S5	181.31	0.94	—	—	以蚬木、金丝李为主的常绿阔叶林，以香椿、拟赤杨为主的阔叶林，石山灌丛	褐翅鸦鹃、凤头鹰、猕猴、豹猫
S6	685.35	5.53	—	15.02/0.00	以蚬木、金丝李为主的常绿阔叶林，以香椿、拟赤杨为主的阔叶林，枫香林，灰毛浆果楝、红背山麻杆灌丛，石山灌丛，竹林	虎纹蛙、红隼、豹猫、黑鸢
S7	230.38	4.11	—	—	以香椿、拟赤杨为主的阔叶林，石山灌丛	猕猴、褐翅鸦鹃、原鸡
S8	109.53	—	26.05	—	以香椿、拟赤杨为主的阔叶林，石山灌丛	海南风吹楠，猕猴、褐翅鸦鹃、黑鸢
S9	55.00	—	—	—	以香椿、拟赤杨为主的阔叶林，石山灌丛	猕猴、褐翅鸦鹃

参考文献

Forman R T T, Godron M. Landscape ecology[M]. John Wiley & Sons: New York, 1986.

达良俊，余倩，蔡北溟 . 城市生态廊道构建理念及关键技术 [J]. 中国城市林业 , 2010, 8(3): 11-14.

滕明君，周志翔，王鹏程，等 . 基于结构设计与管理的绿色廊道功能类型及其规划设计重点 [J]. 生态学报 , 2010, 30(6): 1604-1614.

朱强，俞孔坚，李迪华 . 景观规划中的生态廊道宽度 [J]. 生态学报 , 2005, 25(9): 2406-2412.

第10章

中越栖息地生态恢复实践

10.1 实施背景

2009年，广西邦亮长臂猿自治区级自然保护区（简称邦亮保护区）成立，旨在保护东黑冠长臂猿这一具有全球保护意义的极度濒危物种及其主要栖息地——喀斯特山地季雨林生态系统。2013年12月，经国务院审定，邦亮保护区正式晋升为国家级自然保护区。邦亮保护区位于广西靖西市内，地处中越边境，与越南重庆长臂猿保护区直接接壤，总面积6 530 hm^2。该保护区地处中国与越南交界处的桂西南重要的生物多样性区域，是我国14处具有国际意义的陆地生物多样性保护关键地区之一，是我国已知的唯一东黑冠长臂猿栖息地，具有极高的保护价值。据2018年中越双边联合调查结果，全球范围内现存东黑冠长臂猿约150只，全部分布于中国靖西与越南重庆的一小片喀斯特森林中，其中中国境内已从第一次在中国境内重新发现的3群26只增加到5群共32只（包括跨边境活动的家庭群）。

栖息地面积不足、质量不高是东黑冠长臂猿种群扩大的主要制约因素。因此，东黑冠长臂猿栖息地恢复技术研究和栖息地恢复项目实施是保护该物种的重点工作。经过各相关方的多年努力，对东黑冠长臂猿栖息地恢复技术和方法总结出了一套经验。

10.2 东黑冠长臂猿栖息地概况

中国靖西与越南重庆交界区域属于喀斯特石山区，是典型的喀斯特山地季雨林生态系统。该地区的所有森林在历史上都曾遭受过不同程度的人为干扰和破坏。东黑冠长臂猿主要栖息于受干扰较小的石山常绿阔叶林，通常位于石山上人类难以到达的陡坡上。山谷经常被开垦用于耕种，而山顶仅剩下针叶灌丛和竹林。

在中国一侧，已经记录到的东黑冠长臂猿栖息地内的植物物种包括 40 科 79 属 114 种乔木树种、26 科 38 属 51 种木质藤本和附生植物。其中最主要的 10 个优势科为桑科、荨麻科、大戟科、樟科、壳斗科、胡桃科、槭树科、紫葳科、椴树科和茜草科。优势度排名前 10 的物种为麻风树、圆果化香、光榕、东京槭、岩樟、海南菜豆树、肥牛树、蚬木、厚缘青冈和青冈。

东黑冠长臂猿栖息地所在的山谷底部的树通常比那些山脊和山坡的树要高，平均为 9 m（3～32 m 不等）。在中国一侧，与东黑冠长臂猿当前栖息地相邻的地区虽然也有许多食源树种，但是绝大多数已被砍伐，如肥牛树、光榕、蚬木、网脉紫薇、东京槭、岩樟和厚缘青冈等。根据卫星图像的分析，目前为长臂猿所用的且质量较好的森林（树木覆盖率大于 50%）约为 2 200 hm^2。

10.3 东黑冠长臂猿食性及食物选择

在中国一侧，观察到东黑冠长臂猿取食 81 种不同的植物和一些动物，包括蜘蛛、竹节虫、蝉、蝗虫、蠕虫和蜥蜴等。食源植物包括 51 种乔木、25 种藤本植物、3 种附生植物和 1 种竹类以及 1 种地衣，隶属 39 科 55 属。

在所有观测到的食物种类中，植物果实构成了长臂猿 58% 的食物来源，其中榕果占 21.9%。东黑冠长臂猿虽然取食的食源植物种类繁多，但其中主要有 19 种植物占到了东黑冠长臂猿总食量的 77.8%，包括 14 种乔木（其中 9 种位于靖西最常见的前 20 种树种之列）、4 种藤本以及 1 种附生植物。在 19 种长臂猿的主要食源植物中，有 9 种占据了其 64.1% 的取食量（表 10-1）。

表 10-1　19 种东黑冠长臂猿主要食源植物清单

物种[(1)]	植物类型	取食器官[(2)]	食源周期/月	DBH/cm[(3)]	相对丰度/（ni%）	选择性指数[(4)]
构树（*Broussonetia papyrifera*）	乔木	B，L，Fr	8	225	1.42	0.85
光榕（*Ficus glaberrima*）	乔木	B，L，Fi	10	1.263	7.96	0.24
大青树（*Ficus hookeriana*）	乔木	B，Fi	8	140	0.88	0.76
毛脉崖爬藤（*Tetrastigma pubinerve*）	藤本	L，Fr	7	720	4.53	0.16
蚬木（*Excentrodendron hsienmu*）	乔木	L，Fr，Fl	5	400	2.52	0.37
南酸枣（*Choerospondias axillaris*）	乔木	L，Fr	6	188	1.18	0.63
岭南酸枣（*Spondias lakonensis*）	乔木	L，Fr	3	—	—	1.00
栝楼（*Trichosanthes kirilowii*）	藤本	L，Fr	7	78	0.49	0.73
毛脉枣（*Ziziphus pubinervis*）	乔木	B，L，Fr	2	106	0.67	0.59
小果微花藤（*Iodes vitiginea*）	藤本	L，Fr	2	275	1.73	0.05
小叶榕（*Ficus microcarpa*）	乔木	L，Fi	2	48	0.30	0.73
肥牛树（*Cephalomappa sinensis*）	乔木	L，Fl	2	476	3.00	−0.30
构棘（*Maclura cochinchinensis*）	藤本	B，L，Fr	1	29	0.18	0.79

续表

物种[1]	植物类型	取食器官[2]	食源周期 / 月	DBH/cm[3]	相对丰度 /（ni%）	选择性指数[4]
红花桑寄生（*Scurrula parasitica*）	附生植物	L，Fr，Fl	3	66	0.42	0.54
假黄皮（*Clausena excavata*）	乔木	Fr	2	32	0.20	0.73
聚锥水东哥（*Saurauia thyrsiflora*）	乔木	Fr	2	240	1.51	−0.16
星毛鸭脚木（*Schefflera minutistellata*）	乔木	L，Fr，Fl	1	345	2.17	−0.37
白桂木（*Artocarpus hypargyreus*）	乔木	Fr	1	—	—	1.00
紫麻（*Oreocnide frutescens*）	乔木	L，Fr	2	220	1.39	−0.16

注：（1）加粗的物种被列入目前邦亮保护区最丰富的 20 种植物清单。
（2）B 为芽，L 为叶，Fr 为果，Fi 为榕树果实，Fl 为花。
（3）植被监测样方中的树木的平均胸径，一些样方中没有出现的物种在表中未列出。
（4）选择性指数指东黑冠长臂猿对该食源植物的偏爱程度。

10.4 栖息地恢复技术

10.4.1 恢复原则

1. 因地制宜

结合喀斯特地区的生境异质性特点，遵循喀斯特地区森林植被的自然演替规律，因地制宜开展恢复活动。

2. 以乡土树种为主，兼顾生物多样性和一定的经济效益

选择种源易得、适应性强、生长旺盛、根系发达、抗逆性强、固土能力强的乡土树种。以生态树种为主，多种树种有机结合；兼顾经济效益，合理种植。

3. **减少威胁**

在减少原有威胁因素的同时，不引入新的威胁。例如，不使用带检疫性和危险性有害生物的种子、苗木和其他繁殖材料。同时，在开展栖息地恢复活动过程中不干扰或威胁到东黑冠长臂猿的取食、隐蔽等各项活动。

4. **优化结构和功能**

以适宜东黑冠长臂猿生存、繁衍、活动的近自然植被为恢复的出发点，促进构建层次和功能完整、生物多样性丰富、生态景观优美的生态系统。

10.4.2 栖息地恢复技术

1. **自然恢复技术**

对植被退化程度较轻的区域，或离东黑冠长臂猿目前的栖息地很近且东黑冠长臂猿活动较为活跃、频繁的区域，根据实际情况，参照《封山（沙）育林规程》（GB/T 15163）采取全封、半封、轮封的封禁方式，确定合理的封育年限，进行封育保护、封山育林，使退化的植被在自然条件下进行恢复。

2. **人工辅助自然恢复**

采用不同的方法加速生态演替，促进东黑冠长臂猿重要食源树种（优先树种）生长，如清除丛生的杂草、藤蔓、杂灌等非优先植物并抑制其再生。矮林作业能够促进优先物种的生长率。移植优先树种幼苗，通过修剪或梳理等手段促进植被群落演替，通过一些特殊方式加强自然媒介活动促进授粉、种子散播等传播过程；辅助提供植物生长所需的营养成分和水等。人工辅助自然恢复方式比种植法经济、节省劳动力。

3. **人工恢复**

针对退化较为严重的潜在栖息地，尤其是已无自然植被或石漠化严重的区域，根据实际情况，优先选择适宜的并具有与退化前相似组成和多样性的本土植被类型，重新进行植被恢复。人工恢复是最昂贵的方法，但对于因植被不足而无法自行恢复且土壤中种子库不足或缺乏母树的高度退化区域却十分必要。因此，针对缺乏东黑冠长臂猿可利用的关键物种的栖息地区域，需要采用此种方式进行恢复。

10.5 栖息地恢复区域及恢复季节选择

根据现阶段经济、技术条件，综合考虑栖息地现场条件，选择以下几类区域优先进行栖息地恢复活动。例如，与东黑冠长臂猿种群目前的栖息地距离较近，但未对东黑冠长臂猿的正常生存、活动造成干扰的区域；恢复条件较好、能较为快速达到预期恢复效果的区域；人类活动对恢复活动干扰小，便于实施恢复、监测、维护等活动的区域；当前的植被状况和结构比较有利于栖息地恢复或经过一定的人工辅助后能较快实现明显恢复效果的区域。

考虑喀斯特石山区特殊的地理气候条件，人工辅助自然恢复及人工恢复活动应尽量选择在降雨较集中的季节开展。

10.6 栖息地恢复计划

在开展栖息地恢复活动时往往需要特定的栖息地恢复计划，为如何在预设的周期内、针对一个栖息地退化的地点、采取一系列的管理行动来解决其特有的问题提供指导。因每个点具有独特性，栖息地恢复计划的准备工作需要以地点为基础。栖息地恢复计划的准备，包括两项基本工作：基础数据收集和整合、地点的野外评估。只有这两项基本工作正常进行，才能掌握当地情况以及潜在和持续的影响因素，制订出适合的恢复计划。

10.6.1 恢复区域限制条件分析

在管理上，喀斯特地貌山区山陡路险不便进入，地表水稀缺，运输成本较高，几乎无法浇水。在技术上，喀斯特基质水土条件差，树木生长缓慢，恢复需时长；洼地处土层较厚，是进行栖息地恢复难度相对较小的地点。此外，该区域长期受人为活动影响，导致东黑冠长臂猿栖息地退化，在邦亮保护区边缘地区甚至出现中度荒漠化。

10.6.2 栖息地恢复试点

1. 试点一

1）基本特点

从最近村庄出发进山路程大约 1 h，与现有东黑冠长臂猿活动区域相隔一座山，直线距离 200 m 左右。目前已无人类活动，也不受放牧影响。

2）恢复条件

植被比较低矮且以阳性植物为优势种。其中，草本植物生长非常旺盛，较多藤蔓和草本植物甚至抑制了乔木的发展。土壤分布较多，岩石裸露较少，土层连续且比较深厚，水分比较充足，但肥力一般，适宜开展人工促进天然更新（包括直播造林和植苗造林）。洼地面积小，四周山峰海拔较高，高差也较大，平均日照时间比较有限，因而其气温极值（最高值）明显小于山外的区域，极大减少了地表水分蒸发量，有利于保持土壤表层的水分和提高种子萌发率及幼苗生长量。

3）恢复措施

洼地主要采取人工种植的方法，面积约 2.5 亩（1 亩 =1/15 hm^2）。在全面除草压膜的基础上，选择一些速生快长的高大型先锋树种，包括当地分布较广的南酸枣、岭南酸枣、构树、小果绒毛漆、疏叶八角枫、香椿、大叶榕、小叶榕、黄葛树和秋枫等。同时可以考虑从相邻地区引进人面子、海南椴、顶果木、东京桐和海南蒲桃等树种，这些树种比较适合生长在土层深厚和黏重的洼地，且在管理到位的情况下，其年均高生长量可达 1～2 m，可以保证其在 1～2 年内与草本植物竞争确立优势地位，并为以后逐步引进其他阴生树种（如木奶果、肥牛树和白桂木等）创造适宜的环境。

坡地主要采取人工促进天然更新的方式，面积约 1 亩。在清除部分草本植物和藤本植物、保留现有的灌木和乔木等木本植物的基础上，以种子直播的方式在木本植物冠幅下及面积较小的间隙地播种或移植青冈栎（其他壳斗科树种亦可）、石山樟、野柿、金丝李、大苞藤黄、粉苹婆（苹婆、假苹婆）等中性和阴生树种的种子或苗木等，同时在面积较大的林间空地（无木本植物覆盖）移植一些先锋树种的苗木，包括南酸枣、疏叶八角枫、小叶榕、山牡荆、黄杞和木蝴蝶等。

4）技术难点

土壤黏性土成分较高，透气性较差。这是喀斯特地区土壤普遍存在的特性之一，其中以低洼地带的土壤最有代表性，可能主要与其长期水渍或含水量较高等有关，这种土壤比重较大，干湿交替明显且极易板结，对种子萌发和幼苗根系的伸展存在一定或较多的障碍。

地表草本植物生长迅猛而茂密，使得木本植物在与这些草本植物的竞争中处于明显的劣势。由于该区域所处地区水热条件比较优越，极为有利于草本植物的繁衍和生长，但同时也在很大程度上抑制了木本植物的生长，因为在幼苗阶段，绝大多数树种的资源竞争能力要大大低于草本植物，使得其在水热条件良好的时期（主要是春季和夏季）生长不良，而在随后的干旱季节（秋冬季）因水分严重不足而致幼苗发生死亡。

2. 试点二

1）基本特点

从最近村庄进山路程约 1 h，主要经巡逻道。与现有东黑冠长臂猿活动区域直线距离约 750 m。耕种、放牧等人类活动自邦亮保护区成立后已逐年减弱甚至停止。

2）恢复条件

该试点的主要区段是弃耕多年的丢荒地，土壤较多，有连续分布且有一定深度的土壤层，其洼地部分同样存在土壤黏性土含量高的情况，而坡地部分土壤的结构较好，土壤肥力中等，对目标植物的种子萌发和幼苗生长比较有利。

草本植物比较稀疏，高度也较小。前期尝试移植的秋枫，目前大多数植株长势较好，植株高 50～100 cm，但由于人工除草和施肥等管理措施不够及时和到位，导致草本植物在一定程度上阻碍了秋枫幼树的生长。

3）恢复措施

洼地和无木本植物覆盖的坡地同样采取试点一的洼地的恢复方式，而在有先锋树种或灌木覆盖的地段，采取与试点一相同的坡地恢复方式，进行人工促进恢复，但在树种选择上要适当增加阳性树种的数量。

由于该试点需要植被恢复的面积较大，且离村庄较远，可以考虑在平缓地带开辟一小块区域（100～150 m²）作为就地育苗基地，以降低幼苗运输的时间成本和费用成本，同时有利于提高苗木移栽成活率。

4）技术难点

由于试点二所处的地理位置和交通条件等，该区域的植被恢复施工难度相对要小，但由于其面积较大，潜在的人为干扰也比较频繁和严重，加之其主要地段为向阳地带，光照比较强烈，地表蒸发量大而土壤的干湿交替更为明显，因而其最终的恢复速度和效果受人为干扰和管理水平影响较大。

10.6.3 监测方案

1. 监测目的

了解栖息地恢复的进度与效果是否达到预期的效果。通过监测（影像和人工测量）了解哪些恢复方法是有效的，哪些树木是适用于栖息地恢复的。有助于树种选择，以及种植方法和管护中存在的问题的及时发现，改进工作方法，提高种植质量。监测方案主要根据东黑冠长臂猿栖息地恢复目标、恢复方法及每个样地的特点等综合考虑来制订。

2. 样地设立的时间和大小

从规范上，样地监测的开始时间越早越好，应该赶在人工恢复实施之前就进行样地本底调查和制订监测方案。对于人工恢复和自然恢复两种方式，为了使试验更有可比性，可以针对不同的技术方法和途径分别设立监测样地。如人工辅助恢复与自然恢复对比，骨架树种方法与自然恢复对比，不同造林方式之间的对比等。考虑恢复区域特殊的地理条件和现有技术力量等因素，样地的设立采取小样地、多数量的方式，即每一类型的样地设立 3 个以上的长期固定监测样地，每个样地的面积为 100～300 m²。用标杆或者石块标记样方的原点。需要注意的是，在人工恢复的监测样地中，每个样地的每个目标物种（特别是东黑冠长臂猿的食源植物）的个体数应不少于 5 个，而自然恢复的样地则不受该数量的限制。

3. 监测方法

首先需要在人工恢复样地的周边，选择一个对照样地。对照样地的选择应该尽可能地与种植样地相近，包括其海拔、坡度、地形等物理因素。

1）影像监测

影像是最为简单也最为直接的监测方法。方法为在恢复的样地内选择几个方位，每隔一段时间拍照一次，通过照片资料可以了解树木的生长情况和整个栖息地恢复的效果。

选定拍照地点：最好选择视野比较开阔的，可以对整个样地一目了然的角度，比如，从谷底向上的角度、坡上对谷底的角度等。

对拍照地点进行标记：可以用 GPS 定位辅助，石头，标杆或者对方位进行标识的方法。

在每个选好的点上选定每次拍照的次数与角度并记录。

在样地内对拍照的范围进行标记。

对照片进行挑选、归类、命名、归档。在照片的命名上，应该包括具体的地点、方位、角度与时间。

2）树木生长监测

对移栽树苗的生长状况进行监测有利于选择潜在的骨架树种。同时能帮助了解树木生长速度，对栖息地恢复的进度有一个更为清晰的了解。在栖息地恢复试验中，移栽幼苗的监测指标一般包括成活率（保存率）、株高、地径（胸径）、冠幅（南北和东西两个方向分别测量）和对周围杂草的影响等，如果样地较大或幼苗数量较多，可先采取随机抽查的方式确定观测对象（挂牌标记，可以在移栽之前进行，树木的鉴别编号刻在铝片上钉在树干上），再定期（一般是 1 年 1 次）测量，但每一种类不能少于 30 株（或者说数量少于 30 株的种类应全部测量）。重点要对东黑冠长臂猿食源植物的食用部位（叶、花、果等）进行监测，包括其开花与结果的时间、产量和生产周期。

测量的时间：第一次在种植之后的 1～2 周，之后每年在生长季（雨季）之后测量一次。

测量的指标：树的健康状况、树高、地径（胸径）、冠幅和杂草的生长情况。

在直播造林的情况下，计算种子萌发率。

树木的健康状况：用打分的形式。0 为死亡；1 为有较为严重的问题；2 为基本上没问题，有小的状况；3 为完全健康。

树高：从根部到最高的生长组织之间的距离。对于 10 m 以下的树木用测高尺测量。对高于 10 m 的树木则使用测高仪。

地径（胸径）：在树苗高度小于 1.3 m 的时候，测量地径，即靠近地表面处的直径。之后测量胸径，即在树高 1.3 m 的位置测量树干的直径。测量胸径时使用专用卷尺进行，应尽量避开树瘤，测量其略高于或低于树瘤的地方。如果一棵树有两个或更多分开的主茎干，则遵循以下原则：

①如果树干在低于 50 cm 的地方岔开，分岔的茎干记为两个具有不同鉴别编号的个体。

②如果树干在高于地面 50 cm 的地方分岔，只记录最大一个树干。

③如果树干在高于胸高（1.3 m 处）处分岔，则每个分开的树干胸高直径分别予以记载，如果以前两个树干是分开记录的，则继续分开记载。

④如果发现新测量的胸径小于上一次的数据，应予以重新测量。两次的测量相差 1 cm 是可以接受的，当大于 1 cm 时必须重测、验证并寻找原因。

冠幅：在东西与南北的方位，分别测量最宽的冠幅。

杂草的生长状况：设想一个 1 m 直径的圆，在这个圆内目测杂草的覆盖度。可以用 0～3 进行打分。

3）生物多样性恢复情况监测

栖息地恢复的最终目的是使其群落结构恢复到原有的水平。为了更好地了解栖息地恢复样地中群落多样性的演替状况，需对生物多样性恢复情况做监测。监测的目的是比较人工辅助更新与自然恢复，在其多样性恢复上的作用。但监测所有的生物多样性是不现实的，而对于森林恢复来说，生物多样性监测主要是集中于自然恢复的机制上，特别是种子扩散和新生苗的补充。

监测时间：第一次在恢复工作开始之前进行，作为基准数据。而后每年在相同的时间进行。

监测指标：分别进行种子扩散媒介，木本植物调查与地表植被调查。

种子扩散的媒介有很多，而最重要的，又比较容易观测到的就是鸟类。监测时间为日出之后 3 个小时之内和日落之前 3 个小时之内，连续记录 1 h。方法为站在样地中心，记录所有鸟类造访的种类、数目、主要活动（取食等）和位置（位于树干、树梢等）。

对样地内所有活的高度超过 50 cm 或者胸径大于 1 cm 的幼树个体进行挂牌标记，给予一个鉴别编号。树木的鉴别编号可以刻在铝片上钉在树干上。逐一记录植物种名、相对于样地坐标原点的位置、胸径和生长状况。一般来说，树木位置的横坐标沿着样地的长轴，纵标轴沿着短轴。坐标的原点和坐标方位因样地有所不同。记录树木坐标的基本作用是帮助下一次调查时确定树木的位置，同时可帮助分析森林演替过程中树木种群的空间格局变化。之后记录是自然生长还是人工种植、树高、地径（胸径）、冠幅。

所有高度小于 50 cm 的实生苗和幼树都算作地表植被内。地表植被的调查也在同时进行，不过基于工作量，其调查样方的大小减为 1 m × 1 m。在样方内记录所有的植物的名字和多度（如用五级或十级盖度）。

4. 监测工具

影像监测工具：照相机、GPS 定位仪、指南针、笔、记录本。

树木生长监测工具：卷尺、测高尺、监测表、笔、相机。

鸟类监测工具：望远镜、监测表、笔。

10.6.4 基线地图的准备

特定地点的基线地图是非常重要的工具，它可以辅助识别该地点的关键特性，并在确定恢复措施及制订恢复计划时起到参考作用。该基线地图需要标明比例尺（可以是估计值），指北，包含所有特征定义的图例，主要的地貌和地理特征（如植被类型和方位、土地利用和人类活动等）以及这一地点的具体位置（地名与 GPS 定位，图 10-1）。

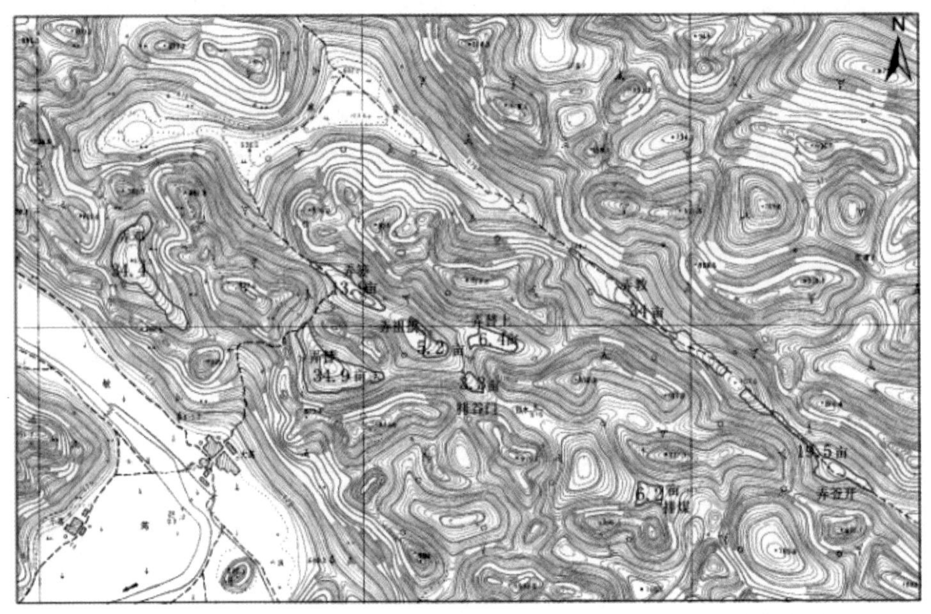

比例尺：1∶10 000

图 10-1　栖息地恢复点地图

10.6.5　抚育措施

针对进行了人工辅助自然恢复或人工恢复的区域，需要采取一定的抚育措施，以达到预期的恢复效果。如将恢复区域内的可燃物、杂草、藤蔓、杂灌等进行清除；对受到自然灾害严重，优先树种损失率高的，或者优先树种较少、林分结构不合理的，进行补种或者树种结构调整；对生长所需的养料、水分不足的，进行浇水施肥；定期进行病虫害防治等。

10.6.6　成效评估

基于监测的基础，通过对比恢复前后的植被覆盖度、生物多样性状况、群落组成和结构、生态系统功能的变化情况及强度、威胁因素排除情况，以及对目标物种产生的积极或消极影响进行成效评估（表 10-2）。

表 10-2 栖息地恢复成效评估主要指标

序号	指标	参数	定性描述	定量监测
1	植被覆盖度	—	提高 / 下降	—
2	生物多样性状况	动物、植物、植被	提高 / 丧失，目标物种变化情况，本土物种变化情况	种类、数量、丰富度等
		生态系统	丰富 / 退化	—
3	群落	组成、结构	变化情况和变化幅度	—
4	生态系统功能	生产力	提高 / 下降及变化幅度	生物量
		食物链	稳定程度、复杂程度、种内 / 间关系	—
		服务功能	土壤质量变化情况、生态产品、水源涵养情况、大气净化情况	土壤营养成分、碳汇、气温、湿度等
5	威胁因子	外来入侵物种	遏制情况	种类、数量等
		石漠化	治理 / 改善情况	面积、强度等
		人类干扰	类型、干扰程度及其变化	强度、频度等

10.6.7 实施栖息地恢复活动安全风险与预防措施

（1）喀斯特山区路况危险，不慎跌倒易造成轻伤甚至严重外伤。工作时携带少量创可贴和绷带，用于包扎和止血。

（2）野外工作天气炎热，大量消耗体液和能量，易造成中暑或脱水。工作时携带足量水或淡盐水、必要的急救药品，以及干粮。

（3）遇紧急情况需要离开，最佳路径是沿原路返回。

（4）山区手机信号较差，进山前应与同事提前打招呼，工作时可携带卫星电话。

10.7 恢复实践及成效

10.7.1 主要恢复活动

通过整合各方面资金，包括中央财政林业补助资金、广西壮族自治区生态环境部门财政资金、自治区林业部门财政资金、靖西市财政资金、保护区项目资金、研究机构的项目资金、社会组织的项目资金、社区配套资金（包括劳务），以及本项目资金等多种经费资源，实施的各项栖息地恢复活动如下：

（1）在排爷后、弄百岩两处进行天然次生林人工促进更新、人工植苗造林、间种。

（2）在保护区内的国家级生态公益林区的弄梨、弄娄、弄祖摸、弄刹小、排谷门、排煤、弄教、弄无等多处进行新造林未成林地抚育、补植。

（3）在保护区国家级生态公益林区内的弄梨、弄无、弄香蕉、弄底箕等处进行天然次生林人工促进更新、人工植苗间种。

（4）在弄梨至弄白岩区域、弄教至弄爷开区域开展人工辅助幼树生长活动，包括除草、浅松土、施肥等作业。

（5）对 2012 年在弄教—弄无片，大笃后山的弄楼、弄祖摸、弄替小、排谷门、排梅片，以及对 2013 年在弄爷开种植的幼林进行抚育。

（6）在大笃后山的弄替、弄邓进行人工植苗造林、林中空地补植补造。

（7）自 2015 年开始在腾茂村弄力屯建设苗圃 1.3 亩，为防止受到人畜干扰，苗圃周围设置了简易铁丝网围栏设施，截至 2017 年年底，估测产一年生秋枫幼苗约 3 800 株、一年生南酸枣幼苗约 1 200 株。

（8）在叫而屯排那箕进行荒山植苗造林和封山育林，以及对弄底的新造林地进行第一次除草、松土和施肥抚育。

（9）对试点项目所有移栽的幼苗均进行生长监测与影像记录，并对试点样地内人为活动等干扰及威胁因素进行监测，开展长期监测记录与管护活动（表 10-3）。

表 10-3　栖息地恢复作业统计一览表

<table>
<tr><th>序号</th><th>地点</th><th>作业 / 活动内容</th><th>面积 / 亩</th></tr>
<tr><td rowspan="2">1</td><td rowspan="2">壬庄乡排爷后、弄白岩</td><td rowspan="2">人工植苗、人工辅助更新，种植 / 关注树种：水东哥、南酸枣、光榕、火麻树、肥牛树等</td><td>6.8（植苗）</td></tr>
<tr><td>1.3（辅助更新）</td></tr>
<tr><td>2</td><td>大兴、真意、敏马</td><td>松土、除草、施肥、补植，补植 / 关注树种：秋枫、南酸枣、香樟等</td><td>152.8</td></tr>
<tr><td rowspan="2">3</td><td rowspan="2">二郎、大兴</td><td rowspan="2">人工植苗、人工辅助更新，种植 / 关注树种：南酸枣、光榕、水东哥、火麻树、肥牛树等</td><td>30.2（植苗）</td></tr>
<tr><td>105（辅助更新）</td></tr>
<tr><td>4</td><td>弄梨至弄白岩、弄教至弄爷开</td><td>除草、松土、施肥等，关注树种：长臂猿食源树种</td><td>120.5</td></tr>
<tr><td rowspan="2">5</td><td rowspan="2">弄教—弄无片、大笃后山、弄爷开</td><td rowspan="2">人工幼林抚育、人工植苗造林，种植 / 关注树种：香樟、秋枫、南酸枣、榕科乔木等</td><td>88.5（抚育）</td></tr>
<tr><td>69.3（植苗造林）</td></tr>
<tr><td>6</td><td>腾茂村弄力屯</td><td>苗圃建设，包括育苗设施和防护设施，产秋枫幼苗约 3 800 株、南酸枣幼苗约 1 200 株</td><td>1.3</td></tr>
<tr><td rowspan="4">7</td><td rowspan="2">叫而屯排那箕</td><td rowspan="4">封山育林、荒山植苗、林中空地补植补造、新造林前两次抚育，种植 / 关注树种：大叶榕、秋枫、南酸枣等</td><td>15.7（封山育林）</td></tr>
<tr><td>9.3（荒山植苗）</td></tr>
<tr><td rowspan="2">大笃后山、弄底、弄替</td><td>61（补植补造）</td></tr>
<tr><td>208.9（新造林前两次抚育）</td></tr>
<tr><td>8</td><td colspan="3">对栖息地恢复点恢复情况和干扰因素进行监测和记录</td></tr>
</table>

10.7.2　总结

（1）充分利用各种栖息地恢复的资源进行优化配置，将有限的经费整合使用，争取更突出有效的恢复效果。

（2）坚持种植乡土树种兼东黑冠长臂猿食源树种的原则，充分发挥乡土树种抗性强、适应性强、种源易得等优点，提高造林存活率和恢复成效。

（3）栖息地恢复活动，尤其是人工促进更新活动，对工作人员的专业操作技能要求较高，为了提高恢复活动效率，活动开展前期对人员的技术培训尤为重要。

（4）受到喀斯特地区喀斯特基岩多孔、土壤蓄水蓄湿性较差等特点的约束，人工植苗恢复活动须选择在降雨较集中的季节（冬末春初）开展，且加强保水和补水措施非常关键；种苗随取随种，且出苗时对种苗根部进行泥浆保水，及时种植，尽量避免种苗失水造成的损伤，这将有助于提高幼苗的成活率。

（5）各项恢复活动都离不开技术理论文件的指导，同时也要根据现场条件灵活处理，结合操作人员自身工作经验进行判断、实践，提高恢复成效。

10.7.3 问题和建议

（1）栖息地恢复是一个艰苦而漫长的过程。目前，保护区获得的用于开展栖息地恢复活动的各类资金非常有限且很难持续，严重影响后期的管理和抚育，造成项目成果难以巩固，成效并不显著。因此，获得长期、充足的资金支持是保障栖息地恢复持续下去的关键。

（2）由于喀斯特石山栖息地恢复受到很多因素的限制，对活动参与人员的技能要求较高。因此，加强对工作人员理论知识和操作技能培训，对保障施工质量、达到活动预期目标尤为重要。

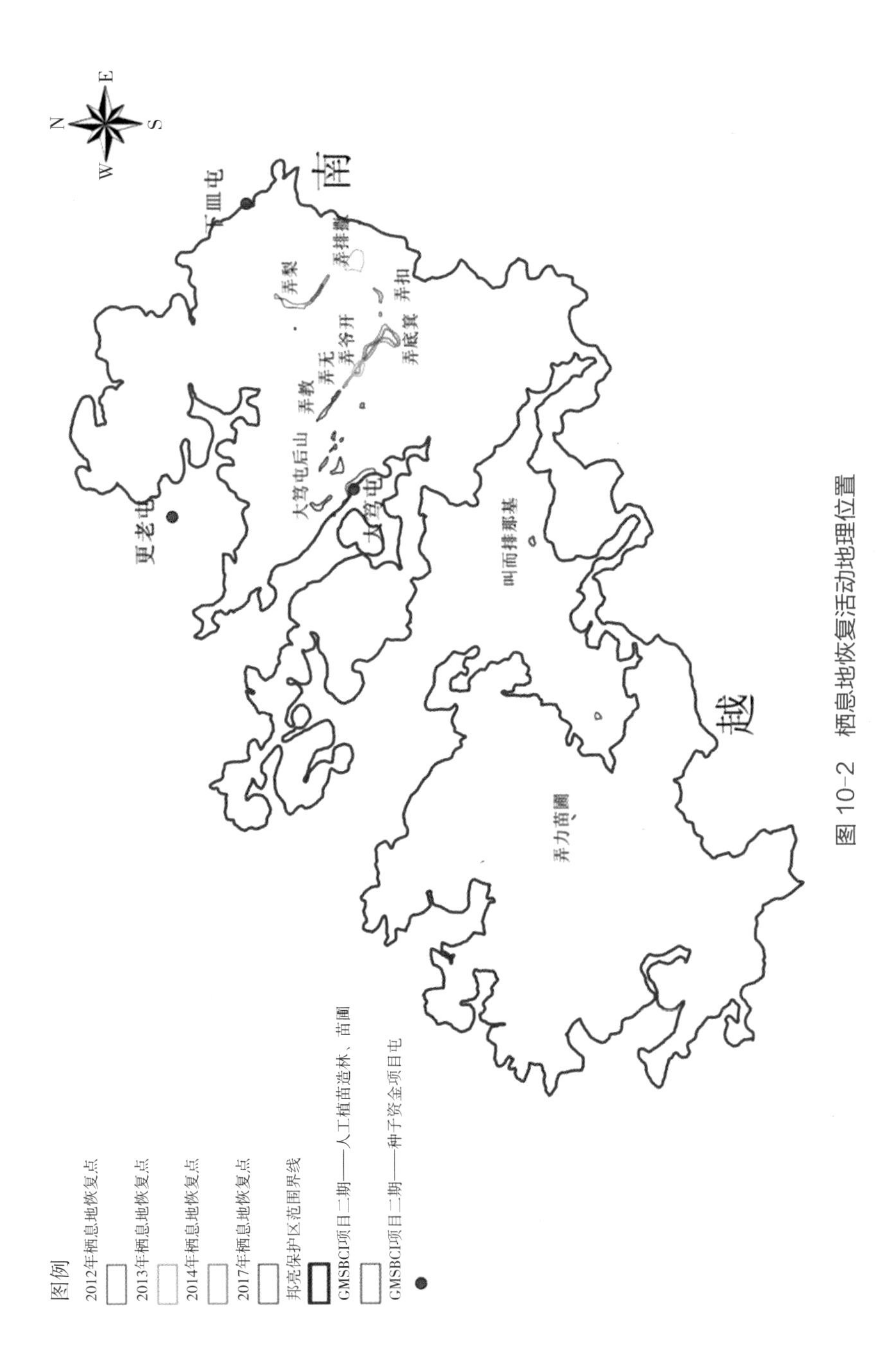

图 10-2 栖息地恢复活动地理位置

第 11 章

种子基金与可持续发展

11.1 跨境保护实施背景

靖西市位于中越边境区域，是亚洲大陆与中南半岛生物交流的重要通道，汇集了众多的生物种类，孕育着复杂多样的生物类群。该区域位于国际生物多样性热点地区 Indo-Burma 范围内，是中国生物多样性保护战略与行动计划 32 个生物多样性优先保护地区之一和中国 3 个植物特有现象中心之一；同时也处于 GMS 经济走廊。GMS 核心环境项目广西示范项目自 2005 年由 GMS 六国（柬埔寨、中国、老挝、缅甸、泰国和越南）共同发起以来已圆满完成两期的任务。该项目旨在通过加强生物多样性保护、支持重点保护景观内生计，从而实现"环境友好和气候恢复良好的 GMS 计划"，项目重点任务是在中国广西壮族自治区—越南边境开展生物多样性保护示范活动，通过实施替代生计的选择促进减轻贫困和生计改善，而种子基金示范是这项任务的重要内容。

种子基金示范点位于广西邦亮长臂猿国家级自然保护区周边，与越南重庆东黑冠长臂猿国家级保护区唇齿相连。保护区主要保护对象为世界极危物种——东黑冠长臂猿及其生境——北热带喀斯特山地季雨林。保护区具有丰富的物种资源和生物多样性，但面积有限，且与外界其他较好的生境失去联系，同时，保护区周边人为活动比较频繁，对保护区内及周边的物种长期生存和发展造成很大的威胁。因此，将项目区具有较高生物多样性的斑块进行有效连接，对保存好该区域的生物多样性和喀斯特森林、维护长臂猿栖息地的生态完整性具有极其重要的意义。

此外，为了改善当地社区生产生活质量，提高社区的可持续生计发展能力，加强廊道栖息地恢复的建设，项目一期、二期共投入约人民币 50 万元作为社区发展种子基金，以社区自行管理、滚动发展的模式促进社区发展替代生计。项目评估表明，参与了种子基金示范的村屯，在生计改善能力和水平、生物多样性保护意识等方面都有了明显的提高。

11.2 新的实践模式

最先种子基金采取的是直接发放的形式，但在项目一期的评估中发现，这种形式的一个很大弊端就是村民只是将种子基金视为外来的资金，没有参与感与主人翁的感觉，这直接导致了管理上的懒散，如缺乏对坏账进行协调和解决的积极性。因此，项目二期采用了项目资金与村民入股资金 1∶1 配套的形式，资金的发放数额不再只是取决于项目资金本身，更是取决于试点村民入股的积极性。这种形式有以下的优势：

（1）在项目规划阶段就保证了村民的积极性与参与性。如果村民的积极性高、参与度高，那么入股的人数就多、金额就高，从而项目配置的资金就高。

（2）通过这种 1∶1 资金配套的形式，能够更好地调动村民将闲散资金集中起来，用于发展生计，从而提高村民的凝聚力。

（3）因为股东的身份，村民们在基金的管理上更用心，也确保了资金的有效性且避免了坏账的出现。

项目的实施目的是通过提高村民的可持续生计能力，达到生物多样性保护的效果。除此之外，我们还考虑将种子基金与项目的另一项重点工作内容——“生物多样性廊道栖息地恢复示范活动”结合起来，即发动种子基金试点的村民一起参与栖息地恢复示范活动，用种子基金中的一小部分对参与的村民进行相应的劳务补偿，村民获得的劳务补偿又直接纳入社区种子基金，用于开展村民的可持续发展生计活动。村民直接参与栖息地恢复活动，更能提高他们对生物多样性的保护意识和参与意识，并一定程度上缓解了栖息地恢复资金不足的问题。

11.3 机构和体系的建立与运行

为了推进种子基金的顺利实施，规范基金日常管理，尽量避免风险并更大程度改善社区生计，需要建立管理机构并制定详细的管理办法，用于基金的日常运作管理。管理办法内容包括基金的组织，管理形式，管理人员组成及产生办法、职责和任期，借款申请和审批办法、使用范围，占用费的设定、使用和分配，用途监管办法，借款和还款方式，借款期限及借还款时间安排，风险控制和担保办法，违约责任，发展基金权属，监测与评估的全过程等。

11.3.1 日常管理机构的建立

每一个试点村屯会都成立生物多样性保护与互助协会，并设置一个理事会，作为基金日常管理机构。理事会的建立是种子基金顺利实施的关键，也是整个工作的难点。试点村屯的理事会成员由各个试点村屯全体村民选举产生，是由村民自己主导的，完全独立于现有的任何机构，这样更有利于推动项目的实施，为整个社区发展服务。

11.3.2 社区公示与调整

将理事会成员的候选人情况及产生程序、岗位及职责分配、管理办法等重要内容放到社区重要场所进行张榜公示，广泛征求村民意见。

11.3.3 培训

由于村屯居民专业水平的限制，从乡镇政府工作人员，到社区工作人员、村民，都缺乏对“种子基金”这个新事物的必要认知，对其如何运作、管理等，更是没有头绪。因此，在正式运行之前，需对参与项目的各相关方进行基础知识、技能等方面内容的培训。

11.3.4 正式成文及宣传

经过讨论、社区宣传、公示及征求意见，对管理办法进一步的加工与完善，并选择社区内明显的位置张贴，同时在社区内进行宣传，力争扩大项目的认知度和影响程度。

11.3.5 后期监管与评估

后期监管与评估是对种子基金重要的管理手段，监管与评估的主要目的是保证基金能够按计划进行，及时发现执行过程中的不足和问题，并作出有效的修改。社区内部的监管和外部专业人员不定期的检测是后期监管体制的重要手段与组成部分，也是基金顺利运作和可持续发展的关键环节。

11.4 成效和影响

11.4.1 对当地村民的影响

1. 信贷使用

信贷缺乏被视为是制约农村发展的主要因素之一，特别是该地区农业生产规模大，人均收入低于全国平均水平。同时，只有少数金融机构在这一领域经营，包括各商业银行、农业银行和农业合作社银行。与其他正式金融机构所需的复杂程序和高利率相比，种子基金更容易获取，并且利率相对较低甚至近乎于无，为本地村民提供了解决财务问题的其他方案，特别是社会经济地位较低的贫困家庭。

根据问卷调查以及与村民的访谈，在每期 3～4 年的种子基金实施期间开展了广泛的活动，包括水稻种植、经济作物种植、畜牧养殖、房屋建筑等。大部分借款用于饲养牲畜和作物种植，其次是住房建设。种子基金的实施，充分反映了当地人民的一些迫切需求，同时也提高了村民获得信贷的可能性。

2. **生计发展能力**

示范村屯大部分家庭的主要经济来源是牲畜养殖和农业生产。其中，大米是最主要的作物，在自给自足的同时，部分出售以获得经济收入。年轻劳动力外出务工是村民最重要的经济来源，其他经济来源包括牲畜和烟草等。通过种子基金的实施，部分村民开始谋求其他的生计，如药材种植，更多的生计选择也在不断的探索中。

3. **受益者增加**

种子基金通过广泛参与和以人为本的方式开展，这是其他正式金融模式无法比拟的主要区别和优势。村民管理理念不仅改善了当地居民使用信贷的状况，而且有助于形成和谐、协调的合作方式。首先，它有助于提高村民的认同感，大多数受访村民的感受就是“种子基金就如同我们自己的银行一样，我们有责任共同管好它”。其次，它能促进慈善事业的发展：根据种子基金的规定，种子基金产生的收益可以用作种子基金，主要用于改善村庄的基础设施状况；反过来，基础设施的改善可以使大多数村民受益。

4. **社区活动参与式民主管理意识**

种子基金作为组织和筹资平台，不仅促进了村庄的基础设施建设，而且提高了村民的参与意识。例如，管理委员会成员选举、种子基金的管制均由所有村民决定。相对于传统的管理方式，这种参与式的管理方法已经得到大多数村民的认同，同时此方法也被推广应用到其他社区活动，如修建公路、学校扩建等，种子基金促进了社区的民主管理。

5. **管理能力**

通过对种子基金的管理，村干部和工作人员在管理、组织、监测、评估，以及参与式规划方法的应用等方面的能力都有了很大提升。总之，种子基金的实施，极大地提高了社区对经济发展的普遍理解。

11.4.2　对保护工作的影响

1. **对保护区与当地社区之间关联性的影响**

由于处于共同的地理位置，共享自然资源，保护区与周边社区之间具有很强的相互关系。一方面，社区对自然资源的利用直接影响着自然保护区对自然资源的管理和保护；另一方面，自然保护区的建立限制了社区对自然资源的利用，在短期内也直接限制了社区的经济发展。这种相互关系很容易引起保护区和周边社区之间的冲突。邦亮自然保护区也不例外，其问题主要集中在放牧。

种子基金实施后，这种矛盾已经明显得到缓解。社区在获得资金支持的同时，还得到了项目管理办公室及项目专家的技术指导，这是种子基金的主要优势之一。在当地社区看来，种子基金并不仅仅是一种资金来源，而是社区与邦亮保护区相互协作的一种纽带，获得技术指导是种子基金实施最重要的特色。

2. 减少对自然资源的依赖

山羊的散养是制约栖息地恢复的主要威胁之一，也是保护区管理的优先关注事项。在种子基金前期，项目便与示范村屯达成了协议，鼓励村民开展其他可持续的谋生手段，而无须增加饲养山羊的数量。在项目开展以前，邦亮保护区周边社区因为贫困和边缘化，散养山羊的模式较为传统且根深蒂固，是家庭的重要生活来源。因此，牲畜自由放养导致栖息地不断退化，是邦亮保护区的一个亟待解决的重要问题。在项目一期开展接近尾声时，做了一次访问调查，旨在调查村民是否了解养羊的影响，是否愿意自动放弃养羊。调查中发现，村民们已经逐步意识到山羊放牧对森林的负面影响，大部分的村民已经准备放弃养羊。

近年来，邦亮保护区及周边社区部分村民正在尝试将药材植物栽培作为解决这一问题的方案。收集野生药材植物在靖西市非常广泛，这在全中国此类活动中规模最大。目前，广西植物学会正在开展野生药用植物种群及其培养的研究，个别带头种植的村民也发挥了药用植物种植改善生计的示范作用，保护区也正在探讨如何能够将这方面的技术应用到保护区的自然资源保护中。此外，3 个示范村屯的山羊数量有所下降。

3. 对保护区的影响

邦亮自然保护区于 2009 年成立时，开展的保护活动主要旨在尽量减少自然保护区内的人为干扰。因此，在自然保护区内的社区生产生活活动与保护工作属于直接矛盾，常常引发当地村民与自然保护区工作人员之间的冲突。自 2011 年种子基金实施以来，当初常发生冲突的双方，在观念上都有了很大的转变。自然保护区工作人员逐渐意识到，离开社区的参与，保护活动和生物多样性管理将会是无效的，甚至是失败的。世界各地的经验都在说明一点，当地社区参与是森林保护成功的关键要素。

当前，我们一直在致力于通过进一步谋求新的替代生计手段，吸引、鼓励社区参与保护活动，从而在保护与当地社区发展之间建立和谐关系。如在示范村屯建立了一个共同管理的苗圃，社区免费提供土地，对苗圃进行日常管理，而自然保护区向社区工作人员提供在职技术支持，让他们了解如何存放、加工和处理不同的种子，如何种植和管理幼苗。经过种子基金实施以来近几年的各种尝试和努力，3 个示范村屯的山羊数量没有出现增长的迹象。

第 12 章

生物多样性保护能力建设

12.1 机构建设

2005 年 5 月 GMS 六国环境部长会议通过了 GMS 生物多样性廊道项目框架。2005 年 12 月，GMS 生物多样性保护行动计划获得了亚洲开发银行批准，由亚洲开发银行、荷兰和瑞典政府及减贫合作基金（PRF）共同资助。2006 年 12 月 12 日，亚洲开发银行与国家环境保护总局签订了中国项目实施总协议，包括国家及云南、广西的项目。

项目建立了完善的跨部门合作机制，确保项目实施在各个层面都得到有力的支持。

在项目协议框架下，原广西壮族自治区环境保护厅作为广西示范项目的总体组织实施单位，专门研究成立了项目省级支持机构。同时，为加强项目实施过程中与其他部门的沟通与协调，还成立了由原广西壮族自治区环境保护厅、发展改革委、原林业厅、财政厅、原国土资源厅、外资扶贫管理中心、原农业厅和原卫生厅等部门组成的项目省级指导委员会（桂环函〔2010〕6 号），监督、指导项目的实施。

为推动项目各项活动顺利进行，项目专门将省级项目管理办公室下设于广西壮族自治区环境保护对外合作交流中心，全面负责推进项目的实施和日常管理工作。省级项目管理办公室由原广西壮族自治区环境保护厅分管副厅长担任主任，广西壮族自治区环境保护对外合作交流中心主任担任副主任；

由专人负责担任项目经理、协调员、财务人员和助理人员等，具体负责项目各项活动的实施和管理。在项目一期主要是由临时成立的项目办公室来实施和管理。2013 年，广西壮族自治区环境保护对外合作交流中心正式挂牌成立，承担广西壮族自治区内环保对外合作事务。因此，项目二期将实施任务下达到了该中心，由其具体开展项目各项活动的实施和管理，使项目实施队伍更具稳定性，保证了项目的实施效果；同时，也推动了生物多样性保护和管理长效机制的建立和完善。广西壮族自治区林业勘测设计院和原野生动植物保护国际作为技术支持单位，在生物多样性调查、生物多样性保护技术、栖息地恢复技术、中越生物多样性保护廊道规划等方面提供技术支持。

此外，还专门在百色市、崇左市、靖西市成立了市 / 县级项目管理办公室，协助项目各项示范活动的开展。同时，对上述 3 个当地项目管理办公室人员队伍进行项目实施和管理的培训，他们的技术水平和管理能力都得到了极大的提高，为区域生物多样性保护和管理的长期、可持续发展奠定了坚实基础（图 12-1）。

图 12-1　广西壮族自治区项目机构建设

12.2 能力建设和培训

12.2.1 加强队伍能力建设，提高项目实施和管理技术水平

在项目支持下，项目组积极参加每年召开的 GMS 环境部长会议，了解次区域当前最热点、最核心的环境问题和政策走向，为有关决策提供依据。

根据执行协议的要求，广西壮族自治区示范项目每年组织召开项目年度总结会、专题培训会、技术研讨会、调研学习等会议及活动，项目相关人员在项目管理能力和实施技术水平方面都有了很大的提升，保证了项目各项活动的顺利进行。

积极参加由 ADB 支持的区域性各专题类环境技术研讨会、能力建设培训会、交流会和知识分享会，既分享了广西壮族自治区经验，同时也了解和学习了 GMS 其他各国、云南示范项目生物多样性保护的新方法、新技术、新理念、新模式、新政策。在技术研讨、信息分享和经验交流的过程中，广西壮族自治区示范项目不断加以完善和改进，提高了项目实施效率。

此外，加强与亚洲开发银行环境运营中心、生态环境部、项目技术支持机构（项目专家）的沟通、协调，开展各项项目活动，按时完成并提交项目报告和阶段性成果。

12.2.2 培训

根据村民、示范点活动工作人员、项目管理人员等不同对象开展或参加各种类型的培训，推动项目的顺利实施。

（1）开展栖息地恢复工作人员培训。项目组结合项目一期廊道规划，更新和完善栖息地恢复方案，将前期所取得的实践经验及研究成果推广应用，在崇左市、百色市选取若干个示范点开展栖息地恢复活动。为栖息地恢复工作人员提供相应的技术培训，对恢复区域进行监测、抚育和巡护，确保恢复

效果和质量，进一步推进规划的落地和廊道的建设。

（2）开展种子基金示范工作人员及村民培训。为确保基金能根据相关规定有效运行和管理，项目组在专家支持下，在筛选的示范村屯社区组织基金运行管理培训。培训对象包括靖西市项目管理办公室主要管理人员、邦亮自然保护区工作人员、试点社区种子基金管理委员会、乡镇政府相关工作人员以及县扶贫办工作人员等；内容涵盖种子基金的概念、运行和管理，各层管理人员职责和权力，日常管理和工作方式等；同时，还邀请参与种子基金一期的社区代表分享了经验和教训，与其他社区进行交流。在各个阶段的监测、现场调研的过程中，针对出现的管理问题，项目办和专家也会对基金管理人员进行现场的针对性培训和指导。

（3）加强项目组管理人员的培训。在项目实施过程中，为了提高项目实施效率，积极参与国家组织的技术培训，如参加国家项目办于 2014 年、2015 年、2016 年在昆明、北海、呼伦贝尔举办的 GMS 环境项目二期第一次、第二次、第三次能力建设培训会，加强 GMS 生物多样性价值评估方案及案例、遗传资源价值评估、生物多样性主流化途径和方法等方面的学习。为了学习借鉴项目管理和实施，广西项目组管理人员参加了国家项目办组织的中挪生物多样性价值主流化项目和中欧生物多样性项目的经验分享和培训活动，认真学习了项目的成功经验和模式。

2014 年，广西壮族自治区项目办组织召开了 GMS 核心环境规划与生物多样性保护廊道计划中越交流会。中方和越方的项目管理人员在生物多样性保护技术方法、关键栖息地识别及跨境生物多样性保护廊道共管等方面进行交流学习，促进中越工作人员在跨境廊道的管理合作。2017 年，广西壮族自治区项目办组织召开了 GMS 核心环境项目二期生物多样性保护与管理第一期专题培训会。通过培训，进一步提升项目管理人员生物多样性保护技术综合运用及管理能力，加强与技术应用单位的交流。

12.3 宣传

开展了多种形式的宣传活动，扩大项目的影响力，吸引更多不同群体的关注和参与。在项目不同实施阶段，制作了相应的项目宣传品，通过不同形式的宣传活动，提高群众及社会各界对项目的认识，提高他们对生物多样性保护的意识。

（1）通过总结项目阶段性进展和成果，编制项目阶段性总结报告及项目简报，提交给亚洲开发银行环境运营中心、原环境保护部对外合作中心、原广西壮族自治区环境保护厅等机构和部门，有效宣传了项目成果，保障项目顺利实施。

（2）在电视、网络等不同媒体上对项目进行宣传。通过广西新闻、商务部网站、GMS 环境运营中心网站、中国环境报、原广西壮族自治区环境保护厅政务信息网等不同媒体对项目进行了宣传，覆盖范围较广，宣传效果明显。

（3）在“6・5 环境日”“5・22 国际生物多样性保护日”等主题宣传日进行公众宣传，扩大项目影响范围。

（4）通过各类会议（如研讨会、协调会、交流会、讲座等）、互访调研等活动向有关政府部门、参与项目的各相关方、国际国内机构、其他类似项目团队等介绍项目进展信息以及项目在推动生态文明建设、参与国际环境保护合作事业上的重要意义。

（5）借助中国—东盟环境合作论坛这个国际平台，向出席和参与中国—东盟环境合作论坛及系列活动的国家领导、国际机构管理者 / 负责人、国内外环保部门代表推介项目进展、成果及其重要意义，引起他们对项目的关注和重视。

（6）通过项目活动，向项目区所在区域村屯的村民宣传当前的生物多样性相关政策、动态等，鼓励群众广泛、积极参与项目。提高村民将生物多样性、环境因素纳入自有的生产经营计划意识，帮助村民减少对自然资源的依赖，持续改善当地生计和经济条件的发展模式。

第 13 章

生物多样性国际合作与交流

13.1 GMS 环境合作与交流

GMS 是连接中国和东南亚、南亚地区的陆路桥梁，总面积为 256.86 万 km^2，总人口约 3.2 亿，地理位置十分重要，1992 年，在亚洲开发银行的倡议下，GMS 六国（柬埔寨、中国、老挝、缅甸、泰国和越南）共同发起了 GMS 经济合作机制，以加强次区域各国间的经济联系，促进次区域的经济社会发展，实现共同繁荣。我国以广西壮族自治区和云南省为代表参加合作，其中广西壮族自治区于 2004 年正式加入 GMS 合作机制。

1995 年，GMS 经济合作机制将“环境”确定为主要合作领域之一。目前，GMS 环境合作主要分为 3 个层次：环境工作组会议、部长级会议以及具体领域的项目合作。GMS 环境工作组于 1995 年成立，每年召开一次会议，具体协调环境项目的开展和秩序，有关成果向部长会议报告。其中 GMS 核心环境项目是最大规模的合作项目，也是首次吸收发达国家大规模捐助资金的合作项目。2004 年，第十次 GMS 六国环境工作组（WGE）会议上，中国率先提出了 GMS 生物多样性保护廊道概念，通过建立优先生物多样性保护区和廊道，使被隔离种群间利用廊道相互交流，确保共有自然资源的可持续利用。2005 年的第十一次 WGE 会议同意 GMS 核心环境项目和生物多样性保护廊道倡议（CEP-BCI），总体目标是促进在次区域国家建立环境保护管理体系和机制，使环境保护和生物多样性保护在次区域国家经济合作和区域发展中主流化。2005 年 12 月，CEP-BCI 项目获得了亚洲开发银行批准，由亚行、荷兰和瑞典政府及减贫合作基金（PRF）共同资助。GMS 生物多样性保护廊道项目属于 CEP-BCI 项目的旗舰项目，它是由中国政府率先提出的，得到了次区域各国和国际机构的积极响应，2006 年 12 月 12 日，亚洲开发银行与原国家环境保护总局签订了中国项目实施总协议，其中的广西生物多样性保护廊道建设示范项目（以下简称广西示范项目）是中国项目的重点之一。

GMS 核心环境项目旨在支持大湄公河次区域实现环境友好型经济增长。通过促进次区域环境合作，使发展规划、环境安全保障、生物多样性保护和适应气候变化几方面得到加强或改善。次区域环境合作项目实践，积极促进了中国与其他成员国在环境与生物多样性保护方面的协调合作，并对广西壮族自治区地方政府深化环境管理和加强地方环境与生物多样性保护能力建设起到了积极的推动作用，推动了 GMS 实现环境友好型经济增长。该项目的成功实践，促进了中国与其他成员国在环境保护方面的协调合作，也标志着各国正联手推进跨境生物多样性建设。在 GMS 各国与亚洲开发银行的共同努力下，次区域环境合作在生态建设、生物多样性保护、能力发展、环境保护意识等方面取得了显著的成绩。

自 GMS 核心环境项目实施以来，国际上对中国的负面报道较少，更多地提及中国生物多样性建设的显著成果。中国积极的态度和对项目的大力支持，对维持与其他国家外交关系起到良好的增信释疑作用，减轻了外交压力，为维护周边稳定作出了贡献。同时，中国在 GMS 核心环境项目的实施过程中，进一步树立和强化了次区域合作的主导地位。

13.2 广西壮族自治区参与生物多样性国际合作与交流情况

作为在中国开展的两个 GMS 核心环境示范项目之一（另一个在云南），广西示范项目主要在中越交界一线的喀斯特森林地区开展示范活动，该区域是亚洲大陆与中南半岛生物交流的重要通道，位于国际生物多样性热点地区——中缅生态热点地区（Indo-Burma）范围内，属于中国生物多样性保护战略与行动计划32个生物多样性优先保护地区之一和中国3个植物特有现象中心之一，汇集了众多的生物种类，孕育着复杂多样的生物类群。依托广西示范项目，广西壮族自治区积极参与生物多样性国际合作与交流。广西壮族自治区与越南高平省双方环境部门签署《生物多样性保护合作谅解备忘录》，建立中越跨境生物多样性保护合作机制，在技术研究、信息共享、联合调查监测等领域推动不同层面的务实合作与密切沟通；向亚洲开发银行环境工作组提交了20余份项目进展报告和5份技术参考，为GMS核心环境项目实施国家提供了技术示范，促进GMS各国的交流与知识分享。广西示范项目推进修复与维护广西靖西市和越南高平省边境区域的森林及长臂猿栖息地的生态完整性，有效支撑GMS生物多样性保护工作，获亚洲开发银行及生态环境部肯定。

13.2.1 推进GMS合作伙伴关系

广西壮族自治区多次参加GMS环境合作机制活动，广西示范项目组于2015年和2018年分别参加了GMS第四次和第五次环境部长会议，每半年或每年参加GMS环境工作组会议，以加强广西与GMS其他国家的合作伙伴关系，进一步树立和强化了中国及广西在次区域内的主导地位。2017年组织了广西代表团赴柬埔寨、缅甸开展生物多样性保护交流活动，分享项目实施经验，了解生物多样性保护相关政策，讨论双边生物多样性保护跨境合作等事宜。通过多次参与次区域环境合作，广西壮族自治区有关单位的环境管理和生物多样性保护能力不断提高，以CEP-BCI项目为依托，广西壮族自治区成为了中国推进和落实周边外交战略的重要平台和窗口。

13.2.2 促进中越交流合作

近年来随着项目的开展，广西壮族自治区与越南的合作在中国与GMS各国的作中发挥了积极作用。广西壮族自治区与越南方保持密切联系，在跨境生物多样性保护技术应用领域开展了积极的对话，不断加强与越南的合作与深入交流，形成了良好的跨境环境保护交流机制，在栖息地恢复、生物多样性保护、跨境廊道建设等多方面进行了合作。

为加强跨境生物多样性保护，促进形成广西壮族自治区与越南跨境环境保护定期交流互访合作机制。2015 年 5 月，广西壮族自治区与越南高平省双方环境部门在越南高平省签署了生物多样性保护合作谅解备忘录，标志着双方合作取得了历史性的突破。备忘录中，签署双方承诺就生物多样性保护开展合作，分享、共同关注并承担共同责任，同时通过国际与省际合作的方式，共同保护广西—越南边境独特的喀斯特生物多样性景观。这是 GMS 七个跨境生物多样性廊道的热点地区间的首个跨境合作谅解备忘录，也是 GMS 第四次环境部长会议的重要成果之一。

GMS 核心环境项目项目实施以来，广西壮族自治区与越南双方在以下方面的合作取得了积极成效，为中越交流合作起到积极的促进作用。

（1）建设和发展跨境生物多样性保护合作机制，开展联合巡护。建立广西壮族自治区与越南高平省两省区政府协调合作机制，推动开展跨境生物多样性廊道建设和联合管护工作，两省区创新性开展以界碑会议的形式进行交流活动，界碑会议每年固定组织两次，分上半年会议和下半年会议，极大提高双方就联合巡护和联合管理方面的工作效率。

（2）组织和参加各种技术交流会议，加强双方交流合作。2015 年至今，广西积极参与生态环境部在广西、越南、云南等地多次召开交流研讨会，并与越方在生计替代实践、生物多样性技术方法、生物多样性保护与管理，跨境廊道保护等方面开展交流研讨，促进交流成效。广西壮族自治区生态环境厅每年在中国—东盟环境合作论坛中特别邀请越南谅山和高平省相关代表参会，进行环保产业、技术合作交流及探讨备忘录实施计划。

（3）制定长期的跨境生物多样性保护战略，深入开展生物多样性保护合作。2016 年广西壮族自治区与越南四省高平、谅山、广宁、河江联合工作委员会第八次会晤备忘录明确，“建立健全环境保护合作交流互访机制，开展跨境生物多样性廊道建设和联合管护工作”，制定长期的跨境生物多样性保护战略。2022 年 12 月，广西壮族自治区人大常委会副主任、党组副书记黄伟京率队赴防城港、崇左市开展中越陆地边境生态环境保护情况调研，并提出与越南在边境生态环境保护合作需加强。

（4）广西壮族自治区与越南边境四省党委书记新春会晤已连续举行四年。在中越全面战略合作伙伴关系不断深化的大背景下，广西壮族自治区与越南边境四省交流合作取得丰硕成果，生物多样性保护交流方面的成果也很显著，2019年百色市政府与高平省人委会签署关于合作保护东黑冠长臂猿及其栖息地备忘录，双方在全球极度濒危物种东黑冠长臂猿跨境保护方面达成合作共识，就东黑冠长臂猿栖息地恢复和保护措施的实施方面达成一致合作意见。

13.3 推进 GMS 交流与知识分享

GMS 核心环境项目二期区域知识分享会议是中国向 GMS 其他五国分享广西壮族自治区参与 GMS 环境保护合作与广西示范项目所取得的经验和成果的重要平台。广西示范项目组多次组织与参加项目区域知识分享会，2016年11月24日，与亚洲开发银行共同组织在南宁召开的项目第二次区域知识分享会，分享了广西壮族自治区与 GMS 各国社区在参与生物多样性保护廊道方面的实践经验。积极推进广西区域合作主流化，广西壮族自治区发展改革委、财政厅联合印发了《广西实施大湄公河次区域（GMS）经济合作规划行动计划（2016—2017）》及《广西实施大湄公河次区域（GMS）经济合作规划行动计划（2018—2020）》，把 GMS 核心环境项目二期中越跨境生物多样性景观，编制长期跨境生物多样性廊道保护管理战略等相关建议列入行动计划实施。